岩土体热力特性与工程效应系列专著

岩土体传热过程及地下工程环境效应

王义江　周国庆　周　扬　著

科学出版社

北　京

内 容 简 介

本书是作者基于多年研究积累和成果撰写而成。全书共分 6 章：第 1 章介绍深部矿山围岩传热及降温技术的研究现状；第 2 章介绍采用分形方法研究孔隙岩体传热过程和规律；第 3 章介绍地下干燥和含湿巷道围岩热湿传递规律；第 4 章介绍巷道内风流流动和对流换热规律；第 5 章介绍巷道壁面全断面和非全断面隔热后的传热规律；第 6 章介绍地下巷道壁面隔热用轻质地聚合物混凝土的物理力学性质。

本书可作为能源资源、土木、环境、地质等工程与科学领域的工程技术人员、研究生等的参考用书。

图书在版编目（CIP）数据

岩土体传热过程及地下工程环境效应/王义江，周国庆，周扬著. —北京：科学出版社，2019.6

（岩土体热力特性与工程效应系列专著）

ISBN 978-7-03-061244-1

Ⅰ. ①岩… Ⅱ. ①王… ②周… ③周… Ⅲ. ①地下工程-环境效应-研究 Ⅳ. ①TU94

中国版本图书馆 CIP 数据核字（2019）第 095230 号

责任编辑：周 丹 曾佳佳/责任校对：杨聪敏
责任印制：师艳茹/封面设计：许 瑞

科学出版社 出版
北京东黄城根北街 16 号
邮政编码：100717
http://www.sciencep.com
北京画中画印刷有限公司 印刷
科学出版社发行 各地新华书店经销
*
2019 年 6 月第 一 版 开本：787×1092 1/16
2019 年 6 月第一次印刷 印张：8 1/2
字数：200 000

定价：99.00 元
（如有印装质量问题，我社负责调换）

"岩土体热力特性与工程效应系列专著"序

　　"岩土体热力特性与工程效应系列专著"汇聚了 20 余年来团队在寒区冻土工程、人工冻土工程和深部岩土工程热环境等领域的主要研究成果,共分六部出版。《高温冻土基本热物理与力学特性》《岩土体传热过程及地下工程环境效应》重点阐述了相变区冻土体、含裂隙（缝）岩体等特殊岩土体热参数（导热系数）的确定方法;0～−1.5℃高温冻土的基本力学特性;深部地下工程热环境效应。《正冻土的冻胀与冻胀力》《寒区冻土工程随机热力分析》详细阐述了团队创立的饱和冻土分离冰冻胀理论模型;揭示了冰分凝冻胀与约束耦合作用所致冻胀力效应;针对寒区,特别是青藏工程走廊高温冻土区土体的热、力学参数特点,首次引入随机有限元方法分析冻土工程的稳定性。《深部冻土力学特性与冻结壁稳定》《深厚表土斜井井壁与冻结壁力学特性》则针对深厚表土层中的矿山井筒工程建设,揭示了深部人工冻土、温度梯度冻土的特殊力学性质,特别是非线性变形特性,重点阐述了立井和斜井井筒冻结壁的受力特点及其稳定性。

　　除作序者外,系列专著材料的主要组织者和撰写人是平均年龄不足 35 岁的 13 位青年学者,他们大多具有在英国、德国、法国、加拿大、澳大利亚、新加坡、中国香港等国家和地区留学或访问研究的经历。团队成员先后有 11 篇博士、22 篇硕士学位论文涉及该领域的研究。除专著的部分共同作者外,别小勇、刘志强、夏利江、阴琪翔、纪绍斌、李生生、张琦、朱锋盼、荆留杰、李晓俊、钟贵荣、魏亚志、毋磊、吴超、熊玖林、鲍强、邵刚、路贵林、姜雄、陈鑫、梁亚武等的学位论文研究工作对系列专著的贡献不可或缺。回想起与他们在实验室共事的日子,映入脑海的都是阳光、淳朴、执着和激情。尚需提及的是,汪平生、赖泽金、季雨坤、林超、吕长霖、曹东岳、张海洋、常传源等在读博士、硕士研究生正在进行研究的部分结果也体现在了相关著作中,他们的论文研究工作也必将进一步丰富与完善系列专著的内容。

　　团队在这一领域和方向的研究工作先后得到国家"973 计划"课题（2012CB026103）、"863 计划"课题（2012AA06A401）、国家科技支撑计划课题（2006BAB16B01）、"111计划"项目（B14021）、国家自然科学基金重点项目（50534040）、国家自然科学基金面上项目和青年项目（41271096、51104146、51204164、51204170、51304209、51604265）等 11 个国家级项目的资助。

作为学术团队的创建者，特别要感谢"深部岩土力学与地下工程国家重点实验室"，正是由于实验室持续支持的自主创新研究专项，营造的学术氛围，提供的研究环境和试验条件，团队才得以发展。

期望这一系列出版物对岩土介质热力特性和相关工程问题的深入研究有所助益。文中谬误及待商榷之处，敬请海涵和指正。

2016 年 12 月

前　言

　　煤炭是我国的主体能源，在经济社会发展中具有重要的战略地位，其埋深在千米以下的储量有 2.95 万亿 t，占我国煤炭资源总量的 53%。随着矿产资源的长期大规模开发，埋藏于浅部的高品位矿产资源日益枯竭，大批矿山过渡到深部开采（一般采深超过 700m 即为深部）。此外，我国相继有部分金属矿山进入深部开采，如铜陵狮子山铜矿采深达 1100m，山东玲珑金矿超过 1300m，红透山铜矿达 900～1100m，弓长岭铁矿达到 750～1000m。我国煤矿开采深度平均每年以 8～12m 的速度递增，深部开采的趋势不可避免。南非绝大多数金矿的开采深度都在 1000m 以上，其中 AngloGold 有限公司的西部深水平金矿采矿深度超过 3700 m。印度 Kolar 金矿区的 3 个矿山达到 2400m 深度，其中钱皮恩里夫矿还超过 3260m。俄罗斯的克里沃罗格铁矿区有 8 座矿山回采准备深度达 910m，开拓深度达到 1570m。加拿大、美国、澳大利亚许多金属矿山的采深也超过了 1000m。

　　地温升高是深部矿山井下工作条件恶化的重要原因，持续的高温将对人员的健康和工作能力造成极大的伤害和影响，使劳动生产率大大下降，使生产事故大大增加，同时还降低井下设备的工作性能，缩短设备使用寿命。矿井降温最有效的方法就是人工制冷降温，即对井下工作环境进行空气调节。方法主要有：机械制冷水降温（德国 August Victoria 煤矿、新汶华丰煤矿、淮南新集一矿），机械制冰降温（南非东兰德矿山、英美矿业 Mponeng 金矿），空气压缩式制冷（Sophia Jacoba GmbH 煤矿、Emil Mayrisch 煤矿），天然冷源（恒温水）空调系统，热管降温技术，深井 HEMS 降温系统，热-电-乙二醇降温冷却技术（河南平煤四矿）。从当前各矿井空调降温系统及运行数据看，由于矿井冷负荷大导致矿井空调系统普遍制冷量高，降温系统的耗能不断攀升。当前，国家能源发展面临新的机遇和挑战，清洁低碳、安全高效的现代能源体系的可持续发展战略逐步确立。因此，深部矿山降温有必要借鉴被动式建筑设计理念，大幅度降低空调系统设计制冷量，从而使空调系统初投资和运行费用显著下降，这是值得研究的问题。

　　本书是作者基于多年研究积累和成果撰写而成。全书共分 6 章：第 1 章绪论，介绍深部地下空间热环境及控制技术研究现状和意义；第 2 章孔隙岩体导热机理分形研究，介绍采用分形方法研究孔隙介质传热过程和规律；第 3 章地下巷道围岩传热试验，介绍地下干燥和含湿巷道非稳态传热传质规律；第 4 章地下巷道围岩及风流传热理论分析，介绍地下巷道围岩非稳态传热方程及解析解、巷道内风流流动与对流传热方程及准则方程；第 5 章地下巷道壁面隔热分析，介绍全断面、非全断面隔热后巷道围岩、风流的温度和对流散热量变化规律；第 6 章地下巷道隔热材料物理力学性质，介绍轻质地聚合物基混凝土的抗压强度、导热系数和吸水性能的变化规律。

　　除系列专著序中列出的资助项目外，本书研究成果还得到中国博士后科学基金项目（2011M500974，2011M500969）资助，在此作者表示感谢。

　　应该指出，地下空间环境控制问题涉及多学科、多领域，是一个非常复杂的热湿传递和流固耦合过程，有许多理论和实际问题需要进一步研究与探索。由于作者水平及经验有限，书中难免存在不足之处，敬请读者批评指正。

作　者

2019 年 2 月

目　　录

第1章 绪 论

1.1 研究背景及意义

煤炭一直是我国主要的能源资源，占化石能源消费量的95%以上。随着经济社会发展对能源需求的不断增加，我国煤炭产量和消费量在世界上一直居首位，导致浅部煤炭资源日趋枯竭[1]。此外，在我国现有5.57万亿t的煤炭资源中，埋深在1000m以下的有2.95万亿t，占煤炭资源总量的53%[2]。2013年统计数据显示，我国已有43个矿区进入深部开采，近200处矿井开采深度超过800m，其中千米深井47处，平均采深为1086m。从能源利用现状及保障能源安全角度来说，深部开采不可避免[3-6]。

在深部开采条件下，地温升高是井下工作条件恶化的重要原因，持续的高温将对人员的健康和工作能力造成极大的伤害和影响，工人在热湿的空气环境中较长时间地劳动，会发生中暑、湿疹等疾病，使劳动生产率大大下降，使生产事故大大增加，同时高温还会降低井下设备的工作性能，缩短设备使用寿命。随着采矿工作面采掘机械化程度的提高，空气自身压缩热、机械设备散热量显著增加，这些因素都使得井下空气温度升高。

据南非金矿统计资料，在矿内气温为27℃时，每年每1000人的工伤频数为0，29℃时为150，31℃时为300，32℃时为450。据日本北海道7个矿井的调查资料，工作面事故发生率，30℃以上比30℃以下高1.5~2.3倍。此外在高温高湿环境下，矿工的劳动生产率将下降。有关资料表明在风速2m/s、温度为30℃时，劳动生产率降低为72%，温度为32℃时降低为62%。采掘工作面的气温每超过规定指标（26℃）1℃，劳动生产率将降低6%~8%。

国外在深部开采方面的研究起步较早[7-11]，如南非深部开采已有30余年经验。南非绝大多数金矿的开采深度都在1000m以上，其中AngloGold有限公司的西部深水平金矿开采深度超过3700 m，West Driefontein金矿的埋深在600m以下，并一直延伸到6000m。印度Kolar金矿区的3个矿山达到2400m深度，其中钱皮恩里夫矿还超过3260m。俄罗斯的克里沃罗格铁矿区有8座矿山回采准备深度达910m，开拓深度达到1570m。加拿大、美国、澳大利亚许多金属矿山采深也超过了1000m。

深部开采中地压、水压、瓦斯压力和地温等都相应增加，造成开采条件不断恶化，各种灾害的复杂性和治理的难度也将增加。特别值得注意的是，深部开采中由于地温梯度引起的工作环境温度不断升高，成为深部开采无法回避的灾害问题，严重制约了深部开采的发展。

对于高温深井来说，井下围岩、各类机电设备等均为与空气直接接触的开放性热源，要使采掘工作面温度满足规范要求值，空调系统的设计冷负荷会很大，相应的制冷机组等设备体积大、能耗高、投资大、成本回收时间长。如采用冷冻水或冰降温方式，系统总投资约为5000万元，年运行维护费用为500万～800万元，虽然可争取相关优惠政策，但对于煤矿企业来说，仍是一笔不小的经济负担。

"十二五"规划纲要明确提出了单位国内生产总值（GDP）能耗和二氧化碳排放量降低、主要污染物排放总量减少的约束性目标。在国家节能减排政策的引导下，各类公共建筑在设计时已充分考虑了节能措施，同时对已有公共建筑进行节能改造工作，如墙体采用空心砖、外围护结构加铺隔热材料、单层玻璃更新为双层玻璃等，主要目的是降低建筑的夏天吸热量以及冬天散热量，从而降低空调系统的冷、热负荷及运行费用。对于深部矿井来说，减少围岩体与风流间的传热传质量，可从源头上改善深部热环境，也可大幅降低空调系统冷负荷以及运行费用。

1.2 地下工程环境问题研究概况

1.2.1 孔隙介质传热机理

笼统地说，大部分材料都属于多孔介质，目前对多孔介质各种特性的确定性还没有准确定义。Bear[12]曾提出多孔介质具有以下特点：①部分空间充满多相物质，至少有一相是非固态的，可以是液态或气态。固相部分称为固相基质，多孔介质内部除了固相基质外的空间称为孔隙空间；②固相基质分布于整个多孔介质，在每个代表性初级单元均应有固相基质；③至少有一些孔隙空间应该是相连通的。

多孔介质传热传质学已经渗透到许多学科和新技术领域，在人类生产活动和自然界中广泛存在，如土壤学和地下水文学是研究多孔介质最早的学科。人们将生产中排出的有害废水注入地下或排入江河湖泊，由于地下含水层中存在温度梯度而产生的自然对流，引起了污染源在地下含水层中的扩散，从而直接或间接地对人类健康和生存带来严重的危害；地下岩层中的石油、天然气和水是自然界多孔介质中一种复杂的多元体系，研究油、气的开采特别是石油的热采技术，促使石油工程学对多孔介质的传热传质进行系统的研究；地热资源的勘测评估和开发利用以及利用土壤岩层作为蓄热蓄冷介质，也需应用类似的理论与技术。所有这些表明多孔介质传热传质的研究，在能源、资源、环境和生物以及工农业生产有着重要的应用前景[13,14]。

多孔介质纯导热过程是理论上的一种常见能量传递过程，主要假设固体颗粒紧密接触且不移动，多孔介质温度不高，无相变且孔隙流体处于静止状态或流动甚微，不考虑多孔介质中的辐射、对流和固体颗粒之间的接触热阻对传热的影响。与单一均质物体中的导热过程相比要复杂，包括以下3个过程：①固体骨架中的导热；②孔隙气体介质中的导热；③孔隙和骨架之间的耦合传热。多孔介质导热过程的经典模型[15-18]基本分为四类：容积平均模型、局部结构模型、统计模型和半经验模型。如Buonanno和Carotenuto[19]

采用体积平均法对两相系统稳态传热及有效传热系数进行了求解，采用经验方法对土体及颗粒连接体进行了计算，考虑颗粒形状、粗糙度及土体传导率等性质后对间歇规律排列的圆柱传热问题进行了求解，对理论解和实验解做了定性分析。这些经典算法在描述多孔介质中能量、动量和物质迁移的物理模型时，均采用连续介质模型，针对具体研究对象定义微元控制体积，然后对其列出守恒方程，加上初值和边值条件进行求解，求解中多孔介质的宏观特性如渗流速率、有效输运系数等都采用与微观量对应的平均值。连续介质模型在实际工程中有很多应用，但遇到的问题也越来越多，由于多孔介质结构变化很大，过于简化后的模型即使求解也可能得不到有价值的解，因此不再详细介绍。

自 Mandelbrot[20]提出分形的思想后，大量研究者采用分形理论来描述多孔介质的结构，Katz 和 Thompson[21]发现多孔介质的孔隙空间具有分形特征，采用扫描电镜证明了砂石孔隙空间在一定尺度范围内有自相似性，并且采用分形统计学预测了精确的孔隙度。Thovert 等[22]较早开始将分形方法用于研究无规则介质的导热系数，对 Sierpinski 地毯结构（Sierpinski carpet，SC）、Ben Avraham & Havlin（BAH）地毯结构、分形泡沫（fractal foam，FF）和 Menger 海绵（Menger Sponge，MS）结构等进行了分形描述，指出对于地质材料大多符合未经过理论证明的 Archie 定律，虽然计算过程和计算方法十分复杂而不适合实用，但在确定分形维数及相关计算方面给出了很好的探索。

施明恒等[23-27]认为多孔介质中热量传递与其内部几何结构有密切关系，提出了多孔介质导热的分形模型。对于每个局部区域来说，多孔介质内部通道呈现出不规则性，但是从较大范围来看，其剖面骨架面积分布或孔隙分布又具有相似特征。郁伯铭等[28,29]根据多孔介质的微结构，把多孔介质看成由非接触的颗粒和连接在一起的弯弯曲曲的颗粒链组成，而后者服从分形分布规律，推导了双弥散多孔介质等有效热导率的分形模型，并从实验测量角度验证了理论预测的可行性。淮秀兰等[30,31]对经典的三种分形结构有效导热系数 k_e、基质导热系数 k_s 和孔隙流体导热系数 k_f 以及孔隙率 ε 之间的关系进行了研究，得出了与经验公式一致的结论，即 k_e 与 k_s、k_f 大致呈幂函数关系，k_e 与 ε 呈指数函数关系，研究结论对经验公式提供了一种数值验证方法。只是研究当中采用的是经典的分形结构，并未考虑实际多孔介质当中孔隙尺寸及分布等影响，而这些因素对 k_e 的影响也不可忽视，因此还需要进行更深入的研究以建立适应性更好的关系式。

以上均是对常规多孔介质导热问题相关机理的研究，可见分形理论在多孔介质导热过程中有着广泛应用。需要指出的是分形理论在导热研究中的预测与现有理论相比并未有明显改进，而且与实验测量结果相比具有几乎同等的精度，故对分形理论和方法的作用应有恰当的认识。虽然如此，相比多数学者把深部岩体或煤体直接当成固体导热过程来说，分形分析方法更能体现导热的微观过程。实际上围岩体在结构上属于分形多孔介质，可以通过实验计算其相应的分形维数，研究有效导热系数与基质、孔隙之间的关系，这样从微观角度进行深入研究，对了解导热机理提供新的思路，本书对于围岩体导热过程的研究正是基于这种考虑。

1.2.2 地下巷道围岩传热规律分析

围岩体内部热量最终通过与巷道内风流之间的热交换过程释放出来，围岩与井下风流的热交换是一个复杂的不稳定过程，在采掘过程中，当岩体新暴露出来时，暴露的围岩以较高的交换系数向风流传热，随着岩壁逐渐被风流冷却，两者间换热量逐渐减少，最后壁温趋近于风流的温度。

Roy 和 Singh[32]采用 CLIMA 程序对地下巷道的环境改变进行了分析，采用有限差分模式对巷道干球温度和湿球温度进行了计算。在计算湿球温度时，采用边界条件增加水分蒸发汽化潜热项，获取了围岩温度变化曲线。对于风流与围岩之间的不稳定换热系数，特别对新掘进巷道，其对流换热的不稳定系数差异较大，应该予以考虑。舍尔巴尼[33]指出，不稳定换热系数表示巷道围岩深部未冷却岩体与空气之间的温差为 1℃时，每小时从 $1m^2$ 巷道内壁面上向（或从）空气放出（或吸收）的热量，并给出了不稳定换热系数的解析式。但舍尔巴尼没有提供理论解公式，而且近似计算式中有的关系数难以选准，难于使用。日本平松良雄[34]在 1961 年提出与不稳定换热系数相关的间接式。平松良雄只给出了曲线图，计算起来比较烦琐。

可见虽然不稳定换热系数有各种定义方式，但实质相同，即均为 Bi 和 Fo 的函数。岑衍强等[35]从理论推导方式求解了巷道围岩非稳态热传导方程的解析解，并通过简化分析的方法获得了不稳定换热系数的变化规律。秦跃平等[36]分析了巷道围岩不稳定温度场的导热微分方程及无量纲形式，采用有限差分法计算了不稳定换热系数随 Fo 的变化曲线。孙培德[37,38]采用拉普拉斯变换的方法推导了不稳定换热系数的表达式及近似解，并分析了不稳定换热系数随 Fo 的变化关系。Yakovenko 和 Averin[39]采用拉普拉斯变换法对巷道与风流间热交换方程及边界条件、初始条件进行了求解，指出在小 Fo 数（$0<Fo<0.3$）下无量纲岩体壁温和平均风流温度可由收敛数列表示。通过理论分析确定小 Fo 数下巷道壁温收敛，对于了解 $Fo<0.3$ 时内壁温变化有重要意义。Starfield 等[40-42]采用准稳态的计算方法对圆形巷道截面中传热传质过程进行了推导计算。从稳态导热方程中推导出了"冷却深度"的概念，即通风对巷道温度的影响深度是时间的函数；采用准稳态方法求出单位时间、单位长度巷道的传热量和传湿量，分别与围岩温度和风流温度差值、饱和空气水蒸气分压力和实际空气水蒸气分压力差值成正比。

从上述文献不难发现，对巷道围岩非稳态传热问题大都采用理论推导和数值计算的方法进行研究，均未有相关试验来验证结论，因此本书在理论分析基础上，采用自行设计的模拟试验系统对理论解进行验证分析。

1.2.3 地下巷道风流对流传热分析

对于热害矿井来说，受高温围岩体以及各种热源的影响，工作空间如巷道内的风流参数将会发生变化，对于研究者以及工程计算人员来说，风流参数的变化是最受关注的，而且当前所有的矿井降温措施都针对降低热害矿井风流的温度和相对湿度,因此巷道内风流的对流传热及传质机理应受到重视。

矿井风流传热传质机理多采用管内对流传热传质模型开展研究,关于巷道内风流温度预测等大多借鉴经验公式来计算。周西华等[43,44]从守恒原理出发,推导了描述矿井回采工作面风流紊流流动和温度分布微分方程。在工作面或掘进面空间中风流压力变化很小,可视为定压;温度引起的密度变化对运动方程影响采用 Boussinesq 近似,密度变化产生的体积力在重力项中保留。Barrow 和 Pope[45]采用圆管紊流中温度与速度分布类比关系,通过编程计算了铁路隧道内列车通过时隧道与气流的换热情况,虽然计算对象与矿井巷道传热不同,但计算思路值得借鉴。邓先和与邓颂九[46]从三大方程出发,结合紊流混合长度关联式,通过积分方法求解了光滑圆管中恒定物性流体对流传热的近似理论解,通过简化给出误差较小的对流传热准则方程。Redjem-Saad 等[47]采用数值模拟方法,计算了圆管紊流中不同 Pr 数流体的流动特性以及换热特性,获得的速度分布与试验结果较吻合,还讨论了不同流体的 Karman 常数的变化,对于 Pr 数较大的流体来说,Karman 常数在圆管中不同位置的变化非常小,对确定流体在圆管中的速度分布提供了参考。Piller[48]也采用数值模拟的方法对圆管湍流流动及传热特性进行相关研究。Obot 等[49-51]采用试验的方法,对不同 Pr 数的流体如空气、水以及乙二醇等在层流、过渡流以及紊流三种流动状态下的传热和压力损失进行了分析,通过实测数据获得了 Nu 数与 Re 数之间的变化,同时得出了 Nu 数与 Pr 数之间也满足 $Nu \propto Pr^n$ 的关系,通过实测数据得出各个常数值。

Noureddine 和 Sassi[52]基于多个假设前提,采用有限差分法对矩形通道内流体的传热传质进行了研究,分析了界面参数及辐射率不同时对界面温度和蒸发浓度的影响,显示温度在 373.15~773.15K 变化时,考虑辐射的影响要比不考虑辐射时的温度要高,最显著的区别是在蒸发浓度上;还分析了其他如有效传热、传质系数,平均传热、传质系数,以及平均 Nu 数和 Sh 数的变化。虽然文章采用的假设不适宜分析巷道围岩传热传质,但其基于假设建立的模型和对各种因素对传热传质影响的分析有很好的启示作用。后来 Smolsky 和 Sergeyev[53]发现在含湿的毛细多孔介质中上述经验公式不再适用,并引入 Gu 数来描述蒸发过程中传热传质同时存在的特性。为解释 Gu 数的影响提出了很多假设,其本质是小液滴从自由流体表面渗入边界层中,而温度的波动又会使这种渗入过程更加复杂,可以看出含湿风流和液体表面的相互作用是引起液滴运移的主要因素。Chow 和 Chung[54]采用数值和实验的方法,研究了水分蒸发到干空气、湿空气和过热蒸汽中的过程,特别关注了自由气流中的蒸发速率和转化温度。当高于转化温度时水分蒸发率随蒸汽浓度增加而变大,当低于转化温度时将出现相反情形,但获得的转化温度范围变化很大,主要取决于试验条件。Kondjoyan 和 Daudin[55]采用湿度测量法考察了受迫对流中气体和固体表面间传热传质系数,这种方法对测量管内流动传热传质系数非常适合。

对于含湿巷道内风流与壁面间的传质问题,主要受边界条件决定。如果巷道壁面的含水率能够维持不变，那么风流与壁面间的传质可按照稳态传质来分析，可以给出传质的准则方程。如果巷道壁面的含水率随着通风时间变化，那么风流与壁面间传质则属于非稳态问题，需要采用 Fick 第二定律来分析，相关内容将在第 5 章展开分析。

而对于矿井巷道中风流流动以及换热来说，多数学者并没有给出合适的计算模型，主要因素是矿井巷道内风流流动受的干扰因素较多，但在适当假设后采用圆管紊流模型来分析巷道风流的流动特性以及对流传热，相比通过实测数据获取的经验公式来说更能了解其中的机理。

1.2.4　地下隔热材料物理力学特性

目前，隔热材料多用于建筑物墙体保温隔热，泡沫隔热材料以其良好的特性在建筑领域得到了广泛应用。由于综合考虑到矿井机械制冷降温的不利因素，针对矿井使用的隔热材料要满足一定强度、低导热系数、憎水性良好等基本要求。近年来，有关矿井用隔热材料的研究也越来越受到国内外学者的重视。

苏联采用掺入锅炉渣的混凝土作为隔热材料喷涂岩壁，以减少围岩放热。还有些国家采用聚乙烯泡沫、硬质氨基甲酸泡沫、膨胀珍珠岩以及其他憎水性能较好的隔热材料喷涂岩壁，一层 10mm 厚聚氨酯泡沫塑料，就能产生一定的隔热效果，但成本较高。还有一些国家在热源巷道中进行过保温珍珠岩砂浆等无机材料和一些有机材料隔热降温方面的试验，虽取得了一定的研究成果，但总体来说在巷道新型隔热材料的方面研究相对较少[56]，而且文献中没有进行系统的研究和报道。

我国在矿井巷道隔热材料的研制方面做了相关研究。王冲[57]、朱成坦[58]和张源[59]等基于主动隔绝井巷主要热源的方法，以水泥、蛭石等为主要原料配制了导热系数为 0.37W/（m·K）左右的矿用隔热材料并分析了各因素对导热系数的影响规律，发现在巷道全服务期内阻热圈可降低巷道内 29%～40%的热量，但是导热系数相对还比较大。杨长辉等[60]以矿渣水泥为原材料，采用压缩空气发泡的方式制备出了容重 250～600kg/m³、导热系数在 0.07～0.139W/（m·K）、抗压强度为 0.6～3.5MPa 的泡沫混凝土。与普通水泥基泡沫混凝土相比，碱矿渣泡沫混凝土具有相近的导热系数，而其抗压强度更高，一定程度上解决了泡沫混凝土密度与强度和保温隔热性能的矛盾，但是效果并不理想。

郭文兵等[61]以水泥石灰作为胶凝材料，通过添加粉煤灰、硅灰石、膨胀珍珠岩以及增强剂、发泡剂、减水剂、憎水剂等，研制出了一种适合于高温矿井的新型巷道隔热材料，巷道隔热材料的密度为 0.727g/cm³，抗压强度为 1.63MPa，导热系数为 0.170W/(m·K)，在矿井围岩温度大于 35℃条件下的进风巷道内应用该隔热材料的效果较明显，可使巷道内的温度最大降低 3～4.5℃，采掘工作面温度可降低 2～3℃，该巷道保温隔热材料对高温矿井热害治理、改善工作面工作环境起到了积极作用，但是试验所添加的憎水剂使得材料的导热系数增加，降低了材料的隔热性能，而且文中没有对材料的憎水性能进行评价。陈兵和刘睫[62]研究发现添加微硅粉和聚丙烯纤维可以显著提高泡沫混凝土（表观密度 800～1500kg/m³）抗压强度，且掺入纤维后还可提高劈裂抗拉强度并降低干缩率。也进行过矿用水泥基泡沫混凝土隔热材料试验，通过添加聚丙烯纤维得到了抗压强度 1.5MPa、导热系数 0.1W/（m·K）左右的试样，并分析了水灰比、纤维长度、骨料含量等因素对物理力学性质的影响规律，聚丙烯纤维的添加对材料强度的贡献率较大，有效改善了多孔材料的压缩性能，但材料的憎水性质有待进一步研究。

李国富[63]研发了以水泥为基础、砂为骨料、添加纤维与添加剂混合制得玻化微珠喷浆隔热材料和玻化微珠注浆管隔热材料，提出注浆和喷浆两种巷道隔热方式，计算发现隔热后 2000m 长的巷道风流温度较未隔热时低 3℃，降温幅度及经济效益显著，为施工提供了有效试验数据。其中自行设计的抗渗试验装置为后续隔热材料的憎水性能研究提供了借鉴。李春阳[64]对新型矿用隔热防水材料——聚氨酯材料的隔热和防水性能进行了测试。通过向模拟巷道内壁面填涂聚氨酯隔热防水材料，测得在风流与巷道之间的热量交换中，显热负荷减少 10%，潜热负荷减少 80%，说明聚氨酯隔热防水材料对巷道与风流之间的传湿影响较大，同时热量交换大大减少。但试验工况设定局限，入口风流状态没有加以控制，该方法只在模拟巷道中实施，实际巷道中材料填涂方法有待进一步研究。基于井下巷道的特殊环境，泡沫隔热材料强度主要与干密度、水灰比、骨料类型及含量、外掺料、添加泡沫种类、泡孔直径及形状、养护方法等诸多因素有关[65,66]。姚嵘[67]通过正交试验研究制得煤矿巷道隔热材料，发现生石灰掺量、水灰比、硅灰石掺量、粒度及发泡剂是影响材料强度的主要因素。隔热材料的强度随生石灰、硅灰石的掺量的增加而增加，随水灰比的增加而减小；隔热材料容重随粉煤灰的增加而减小。

第 2 章　孔隙岩体导热机理分形研究

2.1　概　　述

欧几里得几何只能对维数为整数的物体进行描述，如线、面、体等规则结构，其维数分别是 1、2 和 3 维，对于土壤、破碎煤体等多孔介质无法用数学模型准确定义。分形几何的思想起源于一些连续但不可微的函数引起的数学危机，比如经典的 Koch 曲线，对传统的欧几里得空间中的整数维数，线、面和体的定义及度量方法等概念引起冲击，因此产生了维数为分数的思想，即分形几何的核心内容。

分形的概念是数学家 Mandelbrot 在 20 世纪 70 年代率先提出的，他在《科学》杂志上发表的题为《英国的海岸线有多长》的著名论文，是他分形思想萌芽的重要标志。1973 年，在法兰西学院讲课期间，他提出了分形几何学的整体思想，并认为分维是个可用于研究许多物理现象的有力工具。直到 1975 年，他在专著《分形——形式、机遇和维数》中才正式阐述了"分形"概念的基本内容。该书被认为是分形理论发展中的一个重要里程碑，标志着分形几何学的诞生[68]。

对于分形，很难给出一个简单严整的数学定义，但可以借用生物学中对"生命"的定义方法来处理这个问题。生物学中对"生命"并没有严格和明确的定义，但却可以列出一系列生命物体的特性，如繁殖能力、运动能力、对环境的适应能力等。大多数生命体都具有以上的特性，虽然也有个别生物对其中的某些特性有例外。同样，我们也可以把"分形"看作一个具有某些共同特性的集合。英国数学家 Falconer 提出了分形集的基本性质，如果集合 F 是分形，则认为它具有下列典型的性质：①F 具有精细的结构，即有任意小比例的细节；②F 是如此的不规则以至它的整体和局部都不能用传统的几何语言来描述；③F 通常有某种自相似的形式，它可能是自仿射或是统计意义上的相似；④F 的分形维数（以某种方式定义的）大于它的拓扑维数；⑤在大多数情况下，F 以非常简单的方法定义，可能由迭代生成。

由于分形几何具有自相似性和分形维数，认为维数是连续的，故主要研究自然界的不规则、复杂特性，从非线性复杂系统本身去认识其内在规律，这是与常规线性方法的重要区别，其中分形维数是描述分形物质的复杂和不规则程度的参数。分形可用如式（2-1）所示的数学表达式表示：

$$N \propto \delta^d \tag{2-1}$$

式中，N 是分形体的特征积（如长度、面积或体积）；δ 为度量尺度；d 为分形维数。

当 $d = 1,2,3$ 时，N 分别为欧几里得空间中的长度、面积和体积。

2.2 分形理论与维数

2.2.1 分形维数定义

分形维数是分形理论最重要的概念，当前已经产生多种分形维数的定义，常见的如豪斯多夫维数（Hausdorff dimension），计盒维数（box-counting dimension），填充维数（packing dimension）等，这些分形维数的数学基础是集合论、测度以及质量分布等相关定义，下面简单介绍豪斯多夫维数和计盒维数。

1）豪斯多夫维数

豪斯多夫维数 $\dim_{\mathrm{H}} F$ 可以用式（2-2）表示：

$$\begin{aligned} \dim_{\mathrm{H}} F &= \inf\{s : H^s(F) = 0\} \\ &= \sup\{s : H^s(F) = \infty\} \end{aligned} \tag{2-2}$$

$H^s(F)$ 含义是存在 s 的一个临界值，使得 $H^s(F)$ 从 ∞ 突变到 0，这个临界值即为集合 F 的豪斯多夫维数。豪斯多夫维数是建立在集合测度概念基础上的，是分形理论定义最早的维数，对分形理论的发展起到很重要的推动作用。

2）计盒维数

设 F 是 $\mathbf{R}^n$ 上任意非空有界子集，$N_\delta(F)$ 是直径最大为 δ、可以覆盖 F 的集的最少个数，且如果 F 的上、下计盒维数相等，那么 F 的计盒维数可用式（2-3）表示：

$$\dim_{\mathrm{B}} F = \lim_{\delta \to 0} \frac{\lg N_\delta(F)}{-\lg \delta} \tag{2-3}$$

此外，其他分形维数如修改的计盒维数以及填充维数，是通过修改的上计盒维数来定义的，两者在数值上相等。对于以上几种维数来说，豪斯多夫维数在数学上比较方便，但由于其定义是从测度发展出来的，所以只适合计算极少规则分形，如 Koch 曲线、三分康托尔集等，无法直接应用于实际问题中分形维数计算，因此未得到广泛应用。计盒维数由于其数学计算及经验估计相对容易，成为应用最广泛的维数之一。

2.2.2 分形维数计算方法

$\mathbf{R}^n$ 子集 F 的上、下计盒维数由下两式给出[69,70]：

$$\overline{\dim}_{\mathrm{B}} F = \varlimsup_{\delta \to 0} \frac{\lg N_\delta(F)}{-\lg \delta} \tag{2-4}$$

$$\underline{\dim}_{\mathrm{B}} F = \varliminf_{\delta \to 0} \frac{\lg N_\delta(F)}{-\lg \delta} \tag{2-5}$$

如果上、下计盒维数极限均存在且相等，那么集合 F 的计盒维数可用式（2-3）表示，其中 $N_\delta(F)$ 可以是下列五个数中的任一个：①覆盖 F 的半径为 δ 的最少闭球数；②覆盖 F 的边长为 δ 的最少立方体数；③与 F 相交的 δ 网立方体个数；④覆盖 F 的直径最大为 δ 的集的最少个数；⑤球心在 F 上，半径为 δ 的相互不交的球的最多个数。

根据式（2-3）给出的计盒维数定义以及 5 种计盒维数计算方法，确定试样的分形维数，具体步骤如下：

（1）在尺度 $D \to A$ 区间内任取不同的尺度值 X；

（2）在试样剖面或断面上，任取一点作为计算区域中心，利用直径为 X 的面积元测量剖面或断面上计算区内的泡孔面积；

（3）重复上述步骤多次，一直到整个剖面或断面被等概率测量到，并计算剖面或断面泡孔面积的平均值 S；

（4）改变尺度 X，重复步骤（2）、（3），统计不同尺度 X_i 对应的一系列泡孔面积 S_i；

（5）利用对数坐标图表示出所有的 S_i 和 X_i。

如果试样符合分形结构，那么 S-X 之间应该满足下式：

$$\lg(S) = d\lg(X) + \lg C \tag{2-6}$$

式中，d 是直线斜率，也是泡孔面积分形维数；C 是比例常数。根据比例关系即可求出分形维数。其本质是用不同度量尺度 X，来获取与某颗粒周边距离为 X 范围内的固相面积平均值 S，将数学上 δ 与 $N_\delta(F)$ 的对数关系转化为求解 X 和 S 之间的对数关系式，为求解实际多孔介质的分形维数提供了新思路。

采用上述公式来分析实际多孔介质的维数时，在计算不同尺度下固相面积时没有给出具体计算方法，特别是对于不规则的实际多孔介质甚至无法计算面积。文献[71,72]根据图像存储原理，提出了图像计盒维数的计算是与像素矩阵分析对应的，较剖面颗粒面积分形维数方法更具有可操作性，图像在计算机存储方式可以用下式表示：

$$P_i = f(x, y, g) \tag{2-7}$$

式中，P_i 为像素点；x, y 为该像素点坐标；g 为像素灰度值。对于 8 位灰度图片，g 值范围为[0,255]。所谓的二值化，是将灰度值在[0,255]之间变成仅取 0 或 255 两个值，即图像中只有黑和白两种颜色。由于二值化过程会丢失大量原始图片信息，因此要通过若干次实验得到合适的阈值，常用的选取方法有固定阈值法和自适应阈值法两种，后者能反映图像局部特征而得到广泛应用。

对于采矿、岩土工程来说，通过数字显微拍摄的岩体、煤体或土体等图片，基本属于颜色单调的图片，二值化转换过程中像素损失较小，因此适合用二值化法分析，而对于色彩丰富的彩色图片应该采用如文献[73]提供的三维空间数字图像分形维数计算方法。

公式（2-3）中直径 δ 在二值化后的 0、1 矩阵中可以用分割出来的方阵阶数 n 代替，

$N_\delta(F)$ 则用所有分割出的方阵中包含 1 的所有方阵个数 $N(n)$ 表示，通过取不同阶数的方阵来实现极限 $\delta \to 0$ 的变化，那么计盒维数公式（2-3）即可用式（2-8）表示：

$$\dim_{\mathrm{B}} F = \lim_{n \to 1} \frac{\lg N(n)}{-\lg n} \qquad (2\text{-}8)$$

该方法的操作顺序是：

（1）采用 MATLAB 将灰度图片二值化，得到像素点均为黑或白两种颜色的二值图像；

（2）通过读取程序将二值化图转换成与像素数对应的矩阵，矩阵中元素只有 0 和 1，像素点为白色则取 0，否则取 1；

（3）从 2 阶开始计算所有覆盖该矩阵中包含 1 元素方阵个数 $N(2)$，直至取 n 阶时方阵个数 $N(n)$ 为 0 时为止；

（4）将计算所得的 n 和 $N(n)$ 代入式（2-8），通过回归即可得到计盒维数。

2.2.3　经典结构维数

多孔介质分形的模型有多种，具有代表性的主要是 Sierpinski 地毯、Menger 海绵等。经典 Sierpinski 地毯属于自相似结构（简称 SC），其分形维数理论值为 1.893。采用 Visual Basic 程序迭代生成 4 级、5 级 SC 结构，如图 2-1 和图 2-2 所示。

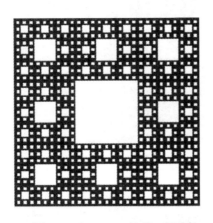
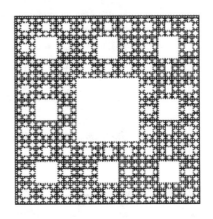

图 2-1　Sierpinski 地毯 4 级结构　　　　图 2-2　Sierpinski 地毯 5 级结构

采用 MATLAB 读取上述两张 SC 结构二值图，得到只包含 0 和 255 的方阵，按照计盒维数的计算步骤，可知 4 级 SC 结构的计盒维数为 1.6902，与理论值相差 10.7%；5 级 SC 结构的计盒维数为 1.8884，与理论值相差 0.2%，非常接近理论值。可见二值法计算计盒维数有很高的精度，所需要的条件是所计算的分形结构要趋于理论模型，有充分多的自相似结构，而且图像像素越大计算值越精确。

2.3 破碎煤岩体导热研究

2.3.1 微观结构分析

从现场煤层采集相对完整的煤块进行实验室观测，如图 2-3 所示，采用深部岩土力学与地下工程国家重点实验室的 KH3000 数字显微系统对完整煤体进行扫描放大，可见煤体表面存在大量凹凸面以及发育裂隙，如图 2-4 所示。

文献[74]采用裂隙长度-条数分形测量法和网格尺度-裂隙视条数分形测量法对煤体裂隙尺度分布进行了研究，得出两种方法下的分形维数，说明煤体在本质上也属于分形多孔介质范畴，含有大量裂隙，对煤层渗透性特别是含瓦斯煤层或含水层的扩散及渗流有影响。而本书中煤体处于室内环境中，在常温下进行热物理参数测试，如导热系数、比热容和热扩散率等，可按照常规固体考虑。

采集直径在 0.6～1.2mm 的破碎煤体作为试样，仍然采用随机堆积的方式，如图 2-5 所示，与实际破碎煤体的堆积类似。图中白色及灰色区域为煤块，深黑色区域为煤块间裂隙，可以看出破碎煤体特征：①破碎煤体由不同粒径的分散煤块组成；②破碎煤体内存在大量贯通或非贯通裂隙，与致密煤体相比要更明显；③破碎煤体裂隙的分布无法在

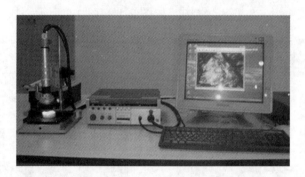

图 2-3　KH3000 数字显微系统

图 2-4　致密煤体扫描图（200 倍）

图 2-5　破碎煤体扫描图（50 倍）

传统欧几里得空间中描述。需要进一步说明的是，破碎煤体实际上是由煤块和裂隙中的流体（如空气、水等）组成，尤其是在其传热过程中，裂隙分布情况及裂隙中流体的性质对破碎煤体的热物理性质影响很大。

2.3.2　分形维数计算

采用 MATLAB 将图 2-5 扫描照片二值化后，可以得到每一个像素点均为黑或白两种颜色的图像，如图 2-6 所示，通过读取程序将二值化图片转换成数据矩阵，矩阵中元素只有 0 和 1，即如果该像素点为白色则取 0，否则取 1。

图 2-6　二值化图像

根据式（2-8）的方法，采用 MATLAB 编程计算二值化图中 638 像素×478 像素点组成的矩阵，计算结果如图 2-7 所示，可知破碎煤体裂隙平面分形维数为 1.7637。

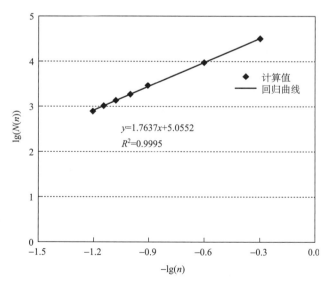

$y=1.7637x+5.0552$
$R^2=0.9995$

图 2-7　计盒维数计算

2.3.3 有效导热系数

对于单个破碎煤体来说，把截面图简化为由煤体和裂隙组成的规则矩形，如图 2-8 所示。在常温下，忽略裂隙间流体的对流传热和辐射传热效应，且认为固相与裂隙间不存在接触热阻，那么传热过程仅为热传导。假设导热单元的长度为 l，煤块厚度为 h，孔隙厚度均为 m，热流方向为水平方向。将该导热单元采用热阻模拟方法分析，如图 2-9 所示，假设孔隙流体介质导热系数为 λ_g，煤体固相介质导热系数为 λ_s，热流在各部分是均匀的。

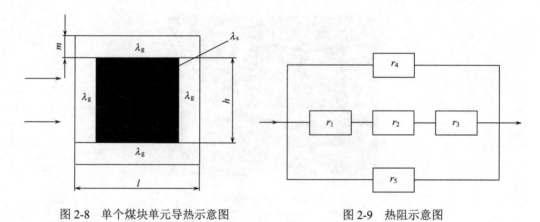

图 2-8 单个煤块单元导热示意图   图 2-9 热阻示意图

基于上述假设，可以得到各部分热阻表达式如下：

$$\begin{cases} r_1 = r_3 = m / (h\lambda_g) \\ r_2 = (l - 2m) / (h\lambda_s) \\ r_4 = r_5 = l / (m\lambda_g) \end{cases} \quad (2\text{-}9)$$

式中，r_1, r_3 为图 2-8 中上侧和下侧孔隙介质热阻；r_2 为固体介质热阻；r_4, r_5 为左侧和右侧孔隙介质热阻。易知总热阻为

$$r = \frac{l}{(h + 2m)\lambda} \quad (2\text{-}10)$$

式中，λ 为单元导热系数，W/（m·K）。根据热阻串并联关系，总热阻还可用式（2-11）表示：

$$r = \left(\frac{2}{r_4} + \frac{1}{2r_1 + r_2} \right)^{-1} \quad (2\text{-}11)$$

将式（2-9）、式（2-11）代入式（2-10），可得单元导热系数为

$$\lambda = \frac{2m(l - 2m)\lambda_g + (hl + 4m^2)\lambda_g\lambda_s}{(l - 2m)(h + 2m)\lambda_g + 2m(h + 2m)\lambda_s} \quad (2\text{-}12)$$

假设破碎煤体截面孔隙率为 φ，s 为孔隙面积，S 为煤体单元面积，则三者关系为

$$\begin{cases} \varphi = s/S \\ s = 2m(h+l) \\ S = l(h+2m) \end{cases} \qquad (2\text{-}13)$$

根据分形维数定义，s 和 S 关系可用式（2-14）表示：

$$s = CS^d \qquad (2\text{-}14)$$

可计算出 $C = 0.28$。根据孔隙分形维数定义，孔隙率应满足式（2-15）

$$\varphi = CS^{d-1} \qquad (2\text{-}15)$$

将式（2-15）代入式（2-12）即可得到导热系数与孔隙率之间的关系，该内容将在 2.4 节中进行详细分析。所选的破碎煤体粒径在 0.6～1.2mm，计算中取煤体粒径为 0.9 mm ×0.9mm，煤体单元取 1.1 mm×1.1mm，根据式（2-13）和式（2-14）可求出 $\varphi = 0.33$。

假设采集的破碎煤体试样不含水分，孔隙中仅包含空气一种流体，常温下空气导热系数为 0.0256W/（m·K），煤体导热系数为 1.45 W/（m·K），将式（2-13）、式（2-14）和 φ 值代入式（2-12），可得单元导热系数 $\lambda = 0.10$ W/（m·K）。根据分形理论的自相似性，可知破碎煤体的导热系数为 0.10 W/（m·K）。

采用如图 2-10 所示的导热系数测定仪对采集煤样的导热系数进行测试，结果如表 2-1 所示。

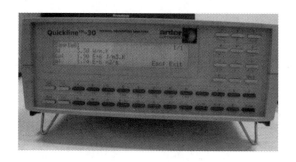

图 2-10　导热系数测定仪

表 2-1　导热系数实测值　　　　　　　（单位：W/（m·K））

试样	测试 1	测试 2	测试 3
试样 1	0.12	0.11	0.11
试样 2	0.11	0.12	0.12

由表 2-1 可知测量值在 0.11～0.12 W/（m·K），与计算值吻合，可见采用分形理论研究破碎煤体的热传导方法可行。

2.4　孔隙岩体导热模拟

2.4.1　等效导热系数计算

假设固体基质导热系数值为 2.0W/（m·K），介质是干燥的，孔隙中可近似认为是空气一种介质，空气的导热系数为 0.0256W/（m·K）。边界条件：①模型上、下两侧为绝热边界；②模型左侧为第一类边界条件，温度为 T_1=45℃，右侧为第三类边界条件，换热系数 h=10 W/（m²·K），换热温差为 15℃，当换热达到平衡时传递热量为定值。

为了方便对比，仍然采用维数为 1.893 非自相似结构，孔隙为随机分布，如图 2-11 所示，相同阶数的模型的孔隙率与规则分布相同。

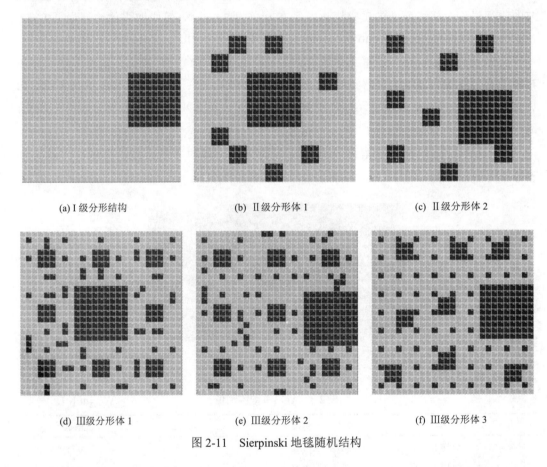

(a) Ⅰ级分形结构　　　　　　(b) Ⅱ级分形体 1　　　　　　(c) Ⅱ级分形体 2

(d) Ⅲ级分形体 1　　　　　　(e) Ⅲ级分形体 2　　　　　　(f) Ⅲ级分形体 3

图 2-11　Sierpinski 地毯随机结构

等效导热系数的定义在 2.3 节有提及，为了更直观地表述出来，这里采用数学表达式给出。基于本章的假设前提，孔隙介质中的热传导过程包括三部分：介质的导热、孔隙的导热以及介质与孔隙间导热，这与纯固体介质的热传导不同，那么衡量其热传导性能的参数也会不同，而且孔隙介质中采用任何一部分（如介质）的导热系数都无法真实反映其真实数值，因此提出等效导热系数的概念。所谓等效导热系数，即在相同的边界温度条件下与孔隙介质通过相同热量的固体基质的导热系数，即

$$\lambda_e = Q / (T_2 - T_1) \tag{2-16}$$

式中，λ_e 为等效导热系数；Q 为通过孔隙介质的热量；T_1、T_2 为孔隙介质的边界温度。计算图 2-12 中给出的规则分布的经典模型的等效导热系数，结果如图 2-13 所示，计算结果与文献[75]获得的结果基本一致。

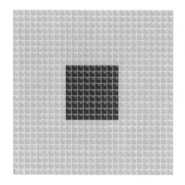 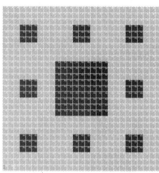 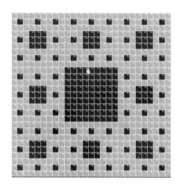

(a) I 级分形结构   (b) II 级分形体   (c) III 级分形体

图 2-12   Sierpinski 地毯结构

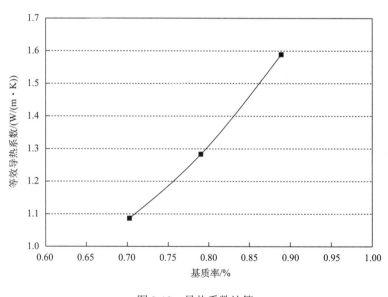

图 2-13   导热系数计算

由图 2-13 可知孔隙介质的等效导热系数随孔隙率增大而逐渐降低，前提是固体基质要高于孔隙中介质的导热系数。当孔隙率不断减小后，即固体基质的含量不断增大，那么被分割孤立的固体基质将可能逐渐连接组合起来，更有利于热量的传递，由于固体基

质导热系数要远大于孔隙介质的，故等效导热系数的变化率将大于此前的变化，如基质率为 70%时等效导热系数为 1.09W/（m·K），基质率为 79%时等效导热系数则为 1.29W/（m·K），基质率为 89%时等效导热系数则为 1.59W/（m·K），此时等效导热系数与基质率之间的关系可用递增关系表示。将图 2-12 中三个规则分布模型以及任取图 2-11 中三个不同阶数随机分布模型的等效导热系数和基质率均取对数，作如图 2-14 所示的双对数图。

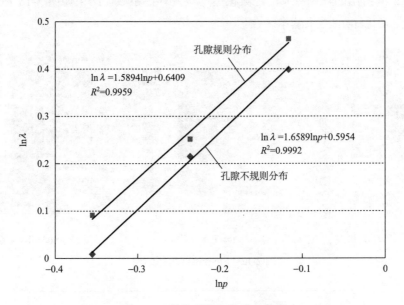

图 2-14　导热系数与基质率曲线

通过拟合分析可以得出如式（2-17）所示关系：

$$\ln\lambda = a\ln p + c \tag{2-17}$$

式中，p 为基质率；a、c 为与介质热物理参数有关的常数。将式（2-17）变形后即为

$$\lambda \propto p^a \tag{2-18}$$

图 2-14 中两条拟合线斜率（即指数 a 的值）分别为 1.589 和 1.659，这符合 Archie 定律[76]中关于指数在 1.0～2.7 的分析。Archie 定律是根据不同种类多孔介质的实验数据获得的，本书是通过模拟孔隙规则分布和随机分布两种模型计算的。

那么对于相同孔隙率不同的孔隙排布的条件下，等效导热系数将如何变化？下面以Ⅱ级分形体孔隙规则分布和随机分布模型（图 2-12（b）、图 2-11（b）、图 2-11（c））为例，来讨论不同孔隙排布的等效导热系数变化。三种模型的等效导热系数分别为 1.2875W/（m·K）、1.235W/（m·K）和 1.22W/（m·K），随机分布的两个模型的等效导热系数相比规则分布模型来说变化仅为 4%和 5%，与实测值的误差基本相当，可见孔隙随机分布与规则分布下等效导热系数相当。这种情形也是有条件的，即随机分布的孔隙没有贯通介质。一旦出现贯通裂隙后，介质的等效导热系数与其他未贯通模型相差很大，

而且随着固体基质与孔隙介质两者导热系数差别增大而变大。

2.4.2　导热系数分析

导热系数是介质的定性参数，是衡量介质热传导能力的重要指标。那么实际介质的导热系数是否是各向异性，不同方向的导热系数差别如何，这种差别与何种因素有关，本节将讨论这个问题。

选取图 2-11 中的六个模型，按照等效导热系数的计算方法，计算出热量沿 x 向和沿 y 向传导时的等效导热系数分别为 λ_x，λ_y，如果两者之比接近 1，说明 x 向与 y 向导热系数近似相等，如果远小于或大于 1，说明等效导热系数是各向异性的，计算结果如表 2-2 所示。

表 2-2　模型导热系数

模型	λ_x	λ_y	λ_x / λ_y	同性/异性
a	1.487	1.476	1.01	同性
b	1.235	1.30	0.95	同性
c	1.184	1.247	0.95	同性
d	1.006	1.086	0.93	同性
e	0.981	1.008	0.97	同性
f	1.007	0.974	1.03	同性

由计算值可知当孔隙介质中所选择的两个方向均不存在贯通裂隙时，导热系数可认为是各向同性的，且误差与试验测试误差相当，导热系数各向异性的影响因素归纳起来主要有以下两点。

（1）裂隙的分布情况：如果介质中裂隙呈现独立分布即未有连接贯通的情况，那么介质的导热系数可认为是各向同性；一旦介质中裂隙存在贯通的情况，那么介质的导热系数极可能是各向异性的。

（2）裂隙中流体介质的热物理参数：当裂隙中流体介质的导热系数与基质介质相差大时，那么裂隙场分布决定介质导热系数的各向异性；当裂隙中流体介质的导热系数与基质导热系数相差较小，那么介质导热系数的各向异性与裂隙场分布关系较小。

对于本书所研究的对象来说，如果围岩结构相对完整时，由于裂隙相对不发育，可认为导热系数各向同性；围岩为破碎岩体时，根据 2.3 节的计算也可近似认为导热系数各向同性；对于岩体中存在发育裂隙时，导热系数的各向异性与否由裂隙尺寸和延伸的情况决定，一般来说沿裂隙延伸方向的导热系数要大于垂直裂隙延伸方向的，在工程中应该根据实际情况具体计算分析。

第3章　地下巷道围岩传热试验

3.1　概　　述

模拟试验的理论基础是相似三定理[77,78]，它通过对方程分析或量纲分析导出相似准则，在此基础上考虑测量精度、试验条件等因素，研制试验装置并获取准则之间的函数关系，最后通过相似理论将试验结果推广到原型，从而得到原型中各参数间变化规律。相似三定理包括正定理、逆定理和 π 定理。

相似第一定理：相似的现象，其单值条件相似，且时空对应点上同名的相似准则数值相同。所述的单值条件包括几何条件、初始条件、边界条件和物理条件。

相似第二定理：设有包含 n 个参数 $x_1, x_2, \cdots, x_n$ 的现象，其对应现象的描述方程为 $f(x_1, x_2, \cdots, x_n) = 0$，如果这 n 个物理量中有 r 个基本量，则可将方程转化为 $F(\pi_1, \pi_2, \cdots, \pi_{n-r}) = 0$（$\pi$ 为准则，相互独立）。

相似第三定理：凡具有相同特性的现象，当单值条件彼此相似且由单值物理量组成的准则数值相同，则这些现象必定相似。

对于自重力占主导作用的模拟试验如大坝模型试验等，其重力场须满足相似，主要实现途径是通过离心机施加离心加速度来模拟重力场，这些试验成本很高，模型的几何压缩比有严格要求，而且量测实现较困难。对于深部问题，所研究的岩体为某一段高度，其自重不是主要影响因素，可通过覆层重力来模拟上覆岩层的自重。对于传热学试验，导热系数与压力关系不大，因此对于重力场相似可降低要求。

3.2　相　似　准　则

3.2.1　风流流动准则

对于巷道内风流流动，在有限长度巷道内风流的温度变化很小，此时可以忽略由于温升引起的风流参数的变化；此外，风流流动主要靠压力差驱动，故重力因素可以忽略，那么需要考虑的准则主要有 Re 准则和 Eu 准则，准则方程为 $Eu = f(Re)$。Re（$Re = \rho u l / \mu$）准则表示惯性力与黏性力之比，在模拟试验中要完全满足 Re 准则很困难。对于煤矿主要巷道内风流的 Re 数全部处于湍流区内，满足自模化要求。

3.2.2　围岩导热准则

对于岩体内部传热过程，不考虑轴向温度梯度带来的影响，属于一维非稳态导热过

程，可采用轴对称圆筒导热问题描述，其控制方程为

$$\frac{\partial \theta}{\partial \tau} = a\left(\frac{\partial^2 \theta}{\partial r^2} + \frac{1}{r}\frac{\partial \theta}{\partial r}\right) \tag{3-1a}$$

边界条件为

$$\begin{cases} r = r_0 , \quad -\lambda \dfrac{\partial \theta}{\partial r} = h\theta \\[3mm] r = R_0 , \quad \dfrac{\partial \theta}{\partial r} = 0 \end{cases} \tag{3-1b}$$

初始条件为

$$\tau = 0, \quad \theta = \theta_0 \tag{3-1c}$$

式中，过余温度 $\theta = t - t_\infty$，其中 $\theta_0 = t_0 - t_\infty$；$a$ 为热扩散系数；τ 为时间；λ 为固体导热系数；h 为表面换热系数；r_0 为巷道半径；R_0 为风流扰动半径。

将上述方程无量纲化后可得如式（3-2a）形式：

$$\frac{\partial \varTheta}{\partial(Fo)} = \frac{1}{r/r_0}\frac{\partial \varTheta}{\partial(r/r_0)} + \frac{\partial^2 \varTheta}{\partial(r/r_0)^2} \tag{3-2a}$$

边界条件为

$$\begin{cases} r/r_0 = R_0/r_0 , \quad \dfrac{\partial \varTheta}{\partial(r/r_0)} = 0 \\[3mm] r/r_0 = 1 , \quad \dfrac{\partial \varTheta}{\partial(r/r_0)} = -Bi\varTheta \end{cases} \tag{3-2b}$$

初始条件为

$$Fo = 0, \quad \varTheta = 1 \tag{3-2c}$$

式中，$\varTheta = \theta/\theta_0$，为无量纲过余温度；$Fo = a\tau/r_0^2$，为傅里叶数；$Bi = hr_0/\lambda$，为毕奥数。可见对于模拟试验影响的准则主要有：无量纲过余温度 $\varTheta$，Fo，Bi 以及 r/r_0，由于 $\varTheta$ 为非定性准则，将上述因素整理出准则方程形式：

$$\varTheta = f\left(Fo, Bi, r/r_0\right) \tag{3-3}$$

对于围岩导热模拟来说，只要单值条件如 $Fo, Bi, r/r_0$ 对应相等，那么模拟试验与原型的 $\varTheta$ 必然相等，即非稳态导热过程相似。

3.2.3　巷道与风流对流换热准则

围岩与风流之间的换热过程属于受迫对流换热，若不考虑壁面水分蒸发影响，其过程可用准则方程 $Nu = f(Re, Pr)$ 描述。对于湍流来说，只要 $Re > 10^4$ 即可降低对其要求；$Pr = v/a$ 表示运动黏度与热扩散系数的比值，原型与模型采用相同流体，故 Pr 数相等。

因此，非定性 Nu 准则也满足相似要求，从而保证原型与模型对流换热现象相似，试验结论可直接推广到原型中。

3.3　模　拟　试　验

3.3.1　试验模化设计

1）几何缩比

几何缩比关系到试验结果的精度和试验模型的可加工性，假设原型中矿井巷道尺寸为4m×3m，风流对围岩体冷却半径可选择经验值10～15m，综合考虑后选取试验模型的几何缩比为25∶1。

2）温度缩比

模拟试验中围岩温度和进风流温度均按照现场实测参数选取，式（3-3）是关于过余温度的相似准则，如果采用的相似材料导热系数、比热容以及热扩散系数对应相等，那么模型中的温度可直接反映原型中相应点的温度值；对于采用的相似材料与实际岩石的热物理参数不同的情况，可以根据相似准则数进行换算，根据式（3-3）无量纲热传导方程可知，试验与原型中的温度场变化规律仍相同，那么此时试验获取的数据也可以用来反映实际变化规律。

3）时间缩比

根据 Fo 数（$Fo = a\tau / r_0^2$）可知，时间缩比计算式为：$C_\tau = C_l^2 / C_a$。

3.3.2　试验系统与方案

模型主体框架的长×宽×高尺寸是 120 cm ×60 cm ×60cm，试验系统如图3-1所示。试验系统主要由以下几部分组成：

（1）模型主体。包括由相似材料组成的模型主体、模拟巷道等。

（2）围岩边界恒温系统。采用恒温液浴装置产生恒温热水，通过进、回水管连接模型主体，在进水管上设置阀门，可实现多种方式控制模型主体边界温度。

（3）进风流参数控制系统。采用恒温恒湿机产生试验所需要的恒温恒湿风流，且恒温恒湿机上装有变频风机，可实现多种风流参数模拟。

（4）数据采集系统。通过 DT80G 采集模型中热电偶（热敏电阻）的温度；通过风流温湿度记录仪采集进、回风的温湿度参数；通过水分记录仪采集模拟材料的水分含量；通过 Swema3000 采集风流进风口和出风口两侧静压力。

（5）围岩相似材料。考虑到不可能将围岩直接放入模型主体中，需要选择合适的相似材料来模拟，最主要的因素有导热系数、热扩散系数等。

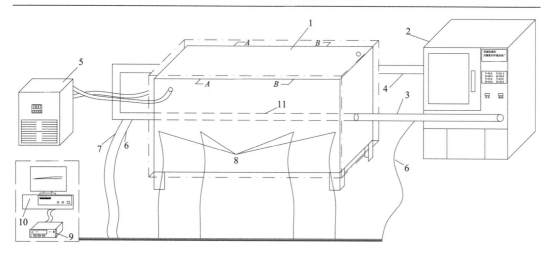

图 3-1　试验系统简图

1. 模型主体；2. 恒温恒湿机；3. 进风管；4. 回风管；5. 恒温液浴；6. 温湿度（静压）传感器；

7. 风速仪；8. 热电偶；9. dataTaker（水分记录仪，温湿度记录仪）；10. 计算机；11. 模拟巷道

本试验的目的主要有：①获取不同的风流参数下岩体内部的温度变化；②获取不同的边界条件下巷道内风流参数；③获取风流对流换热的准则关联式。

实验方案包括以下两种。

1）围岩体温度场和湿度场分布试验

（1）干燥岩体材料试验。围岩体初始温度场有 40℃和 50℃两组，每组进行进风流温度分别为 15℃、20℃、25℃和 30℃四种试验，上述试验风速均为 3m/s。两组围岩温度下均选择一种进风流温度，补充风速分别为 1 m/s 和 2m/s 的试验，总试验组数为 12 组。

（2）干燥砌体材料试验。砌体材料围岩初始温度为 40℃，进风流温度为 20℃，风速分别为 3 m/s、4 m/s 和 5m/s，试验组数共 3 组。

（3）含湿岩体材料试验。含湿岩体围岩初始温度有 40℃和 50℃两种，进风流温度有 15℃、20℃和 25℃三种，其中围岩初始温度为 50℃时对应进风流温度为 25℃，其余两种风流温度试验的围岩初始温度均为 40℃，所有试验方案围岩初始质量含水率均为 5%～7%，试验组数共 3 组。

2）风流与巷道对流换热特性试验

在研究风流流动阻力关联式时进行了 5 组风速的试验，在分析对流换热准则关联式时进行了风速分别为 3.0m/s、3.5m/s、3.8m/s 和 4.5m/s 四种方案，总试验组数为 8 组。

3.4　干燥围岩瞬态传热

为了获得温度场变化的普适规律，将所有试验数据无量纲化，其中巷道围岩无量纲温度为

$$\theta = (t - t_a) / (t_0 - t_a) \tag{3-4}$$

式中，t, t_a, t_0 分别为围岩温度、风流温度和原始围岩温度。无量纲半径为

$$\varphi = (r - r_0) / (R_0 - r_0) \tag{3-5}$$

式中，r, r_0, R_0 分别为测点距巷道轴心距离、圆形巷道半径和风流冷却半径。

3.4.1　围岩无量纲温度

1）θ 与 Fo、φ 的关系

图 3-2 为原始围岩温度为 50℃时 A-A 截面不同进风温度下 θ 与 Fo 的曲线，按照从测点 1 至测点 10 顺序，依次从近巷道壁至远边界方向布置 10 个测点。

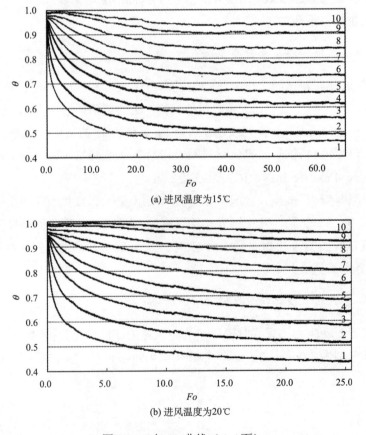

(a) 进风温度为15℃

(b) 进风温度为20℃

图 3-2　θ 与 Fo 曲线（A-A 面）

由图 3-2 可知：

（1）在 $Fo<10$（图 3-2（b）为 $Fo<5$）时，围岩温度 θ 变化速率很大，说明风流扰动作用在初期最明显，其原因是通风初期风流与围岩间温差较大，围岩与风流间换热量大，因此围岩温度变化率大。随着时间增加，巷道壁面温度不断降低，与风流之间的温差逐渐减小，换热量也不断降低，从而围岩温度场趋于稳态。

（2）通过对试验数据回归分析，θ 与 Fo 曲线可用式（3-6）来描述：

$$\theta = \sum_{i=0}^{\infty} a_i Fo^i \qquad (3-6)$$

式中，a_i 为常数，且不同时为 0。据计算，在正规状况阶段的拟合优度要高于之前阶段，且当 $i=4$ 时能获得拟合度很高的回归公式，如表 3-1 所示。如果对数据精确度要求不高，可适当取 $i=2,3$，适合工程技术应用。

表 3-1　a_i 拟合值

测点	a_0	$a_1/10^{-1}$	$a_2/10^{-3}$	a_3	a_4	R^2
2（图 3-2（a））	0.807	−0.30	0.12	−2E−5	1E−7	0.973
3（图 3-2（a））	0.972	−0.18	0.50	−7E−6	4E−8	0.998
4（图 3-2（b））	0.918	−0.54	4.90	2E−4	3E−6	0.995
5（图 3-2（b））	0.936	−0.34	3.40	−1E−4	2E−6	0.998

（3）当进风温度在 15～20℃，风速为 3 m/s 时，θ 最终稳定在 0.4 左右。结合其他方案对比可知，θ 基本符合随进风温度增加而增大的规律，如进风温度 15℃时 $\theta=0.45$，20℃时 $\theta=0.44$，25℃时 $\theta=0.48$，30℃时 $\theta=0.54$，说明风流温度对围岩温度场变化有重要影响。

为了更直观地说明 θ 与围岩位置的关系，取 B-B 截面数据作如图 3-3 所示 θ 与 φ 曲线。不难发现 θ 与 Fo 之间的关系在图 3-2 中均有体现。此外，有以下两点需补充：

（i）与 A-A 截面相比，B-B 截面位于进风流上侧，从巷道壁面准稳态无量纲温度来看，B-B 截面的温度比 A-A 截面略低，如风流温度为 20℃时，B-B 面的无量纲温度为 0.411，而 A-A 面的无量纲温度为 0.434，不难发现沿巷道延伸方向由于风流温度不断升高会产生轴向温度梯度，与径向温度梯度相比要小很多，但在长距离巷道的温度场预测中应该予以考虑。

（ii）θ 与 φ 曲线可拟合成如式（3-7）所示的对数形式：

$$\theta = c \ln \varphi + d \qquad (3-7)$$

式中，c, d 为不等于 0 的常数。表 3-2 为图 3-3（b）所示无量纲温度与无量纲半径的拟合公式，可知当 $Fo>2.0$ 后，公式的拟合优度达到 95%以上，而且随着时间推进拟合优度稳定在 99.6%以上，完全可以满足工程计算精度。

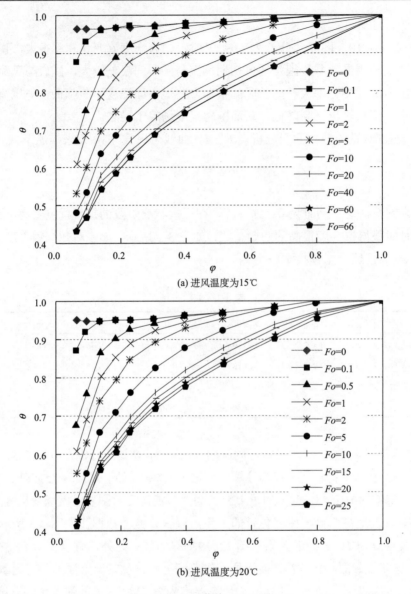

(a) 进风温度为15℃

(b) 进风温度为20℃

图 3-3 θ 与 φ 曲线（B-B 面）

表 3-2 温度与半径拟合公式

Fo	拟合公式	R^2
0.1	$\theta=0.0389\ln\varphi+1.0011$	0.8835
0.5	$\theta=0.1072\ln\varphi+1.0404$	0.8696
1	$\theta=0.1395\ln\varphi+1.0512$	0.9170
2	$\theta=0.1680\ln\varphi+1.0563$	0.9542
5	$\theta=0.2004\ln\varphi+1.0416$	0.9891
10	$\theta=0.2138\ln\varphi+1.0147$	0.9985
15	$\theta=0.2164\ln\varphi+1.0043$	0.9983
20	$\theta=0.2173\ln\varphi+0.9942$	0.9970
25	$\theta=0.2181\ln\varphi+0.9875$	0.9962

2）不同进风速度对比

为研究风速对围岩温度场的影响，选择了 3 种风速进行对比分析，如图 3-4 所示。原始围岩温度均为 40℃，进风流温度均为 20℃，风速分别为 1 m/s、2 m/s 和 3 m/s 共 3 组方案。

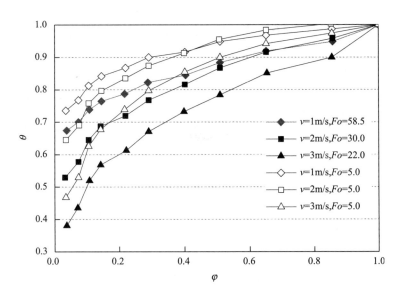

图 3-4　不同风速下 θ 与 φ 变化曲线

对比分析 3 种风速方案可知：

（1）相同时间内围岩温度变化不同，比如当 Fo=5 时，风速为 1 m/s 时巷道壁面无量纲温度为 0.74，2 m/s 时为 0.64，3 m/s 时为 0.47。

（2）围岩最终温度场不同，呈现风速越大围岩温度越低的规律，这是深部高温环境尽可能采用高风速的原因。由前文分析可知，当风流温度增加到一定值如 30℃后，巷道壁面无量纲温度最终稳定在 0.54，高于风流温度为 15℃或 20℃的情形，说明风流与围岩之间温差越小换热效果越差，因此高温环境应尽可能采用低温风流，这是高温矿井需要机械制冷降温的原因。

（3）风流温度恒定为 20℃，风速分别为 1 m/s、2 m/s 和 3 m/s 时，巷道壁面准稳态无量纲温度分别为 0.69、0.53 和 0.38；当风速恒定为 3 m/s，风流温度在 15~30℃之间变化时，巷道壁面准稳态无量纲温度范围为 0.45~0.54，可见当风速低于 3 m/s 时，对于围岩最终温度分布来说，改变风速要比改变风流温度的影响更大一些。

3.4.2　风流焓值

图 3-5 为进风流温度为 20℃，边界温度为 40℃，进风速度分别为 3m/s、4m/s 和 5m/s

下进风口和出风口两个测点风流焓值变化曲线。经过一段时间后，进出口风流焓值差趋于定值，说明风流与围岩之间的换热趋于稳态，所传递的热量主要用于维持围岩体的温度梯度。

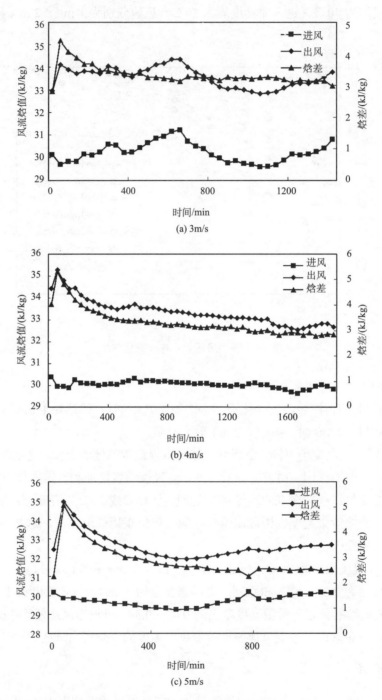

(a) 3m/s

(b) 4m/s

(c) 5m/s

图 3-5　不同风速下风流焓值变化曲线

3.4.3　对流换热准则式

风流换热试验系统原理如图 3-1 所示，需要测量巷道内风流的平均风速 u_m、进风端温度 t_{in} 和出风端温度 t_{out} 以及巷道壁面温度 t_1 和邻近点温度 t_2，当换热达到平衡时，风流带走的热量等于围岩导热传递的热量。为了便于分析，仅取测点 1 和测点 2 的温度值用来计算，那么巷道模型可变为薄圆筒壁，根据傅里叶定律有

$$q = -\lambda \frac{dt}{dr} = \frac{\lambda}{r} \frac{t_2 - t_1}{\ln(r_2 / r_1)} \tag{3-8}$$

根据对流换热达到平衡时的关系有

$$h(t_w - t_m) = \frac{\lambda(t_2 - t_1)}{r_1 \ln(r_2 / r_1)} \tag{3-9}$$

整理式（3-9）有

$$h = \frac{\lambda(t_2 - t_1)}{r_1(t_w - t_m)\ln(r_2 / r_1)} \tag{3-10}$$

将实测数据代入式（3-10），可以计算出四种方案下的对流换热系数，计算结果如表 3-3 所示。

根据计算出的对流换热系数可获得相应 Nu 数，通过回归分析可得出 Nu 数和 Re 数间的关系，如图 3-6 所示。

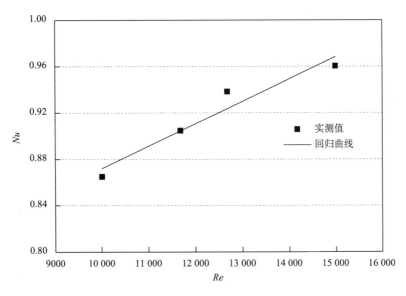

图 3-6　Nu 数与 Re 数关系曲线

表 3-3　风流换热实测值

项目	3.0m/s	3.5m/s	3.8m/s	4.5m/s
$t_{in}/℃$	18.87	18.31	18.12	18.00
$t_{out}/℃$	22.37	21.33	21.13	20.80
$t_1/℃$	28.0	26.4	26.2	25.6
$t_2/℃$	31.0	29.2	29.1	28.4
Re	10 000	11 667	12 667	15 000
$h/(W/(m^2 \cdot K))$	44.97	47.08	48.80	49.97

可知 Nu 数与 Re 数拟合关系式为

$$Nu = 0.076Re^{0.265} \tag{3-11}$$

式（3-11）的拟合优度为 0.96，可用于常规工程计算。

3.5　含湿围岩热湿传递

3.5.1　瞬态围岩温度及风流焓值

1）围岩无量纲温度

将围岩温度改为无量纲形式，如式（3-12）所示：

$$\theta = \frac{t - t_a}{t_0 - t_a} \tag{3-12}$$

式中，t 为围岩温度；t_a 为进风流温度；t_0 为原始围岩温度。

图 3-7（a）、（b）是不同初始条件和边界条件下围岩温度变化曲线。无论是干燥围岩还是含湿围岩，其温度在初始阶段下降最快。如图 3-7（a）所示，含湿围岩无量纲温度在前 100min 由 1.0 下降到 0.5，占整个降幅的 83%；如图 3-7（b）所示，初始阶段含湿围岩和干燥围岩的降幅分别占整体降幅的 85% 和 65%。其原因是初始阶段围岩与风流间的温差最大，因此两者间对流传热最强。对热害矿井来说，我们应该特别注意通风初期的通风与降温工程。

此外，含湿围岩的无量纲温度降低更快，且其准稳态温度比干燥围岩要低。主要原因是含湿围岩与风流间热传递还包括水分迁移引起的潜热交换，而干燥围岩与风流间的潜热交换相对要小很多。

无量纲温度 θ 随时间 τ 变化规律可用式（3-13）表示：

$$\theta = a_i \sum_{i=0}^{n} \tau^i \tag{3-13}$$

式中，a_i 为不同时为 0 的常数。当 $i=3$，4 时，拟合优度即可达 0.98，完全满足工程计算需求。

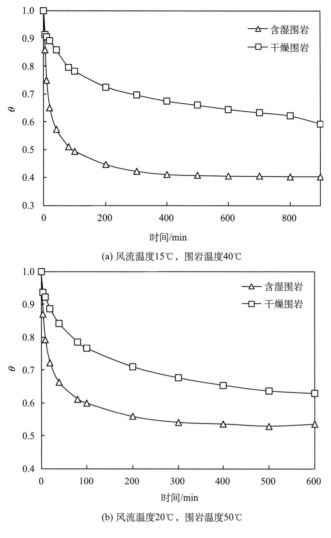

(a) 风流温度15℃，围岩温度40℃

(b) 风流温度20℃，围岩温度50℃

图 3-7　围岩非稳态温度变化

　　图 3-8（a）、（b）是干燥围岩与含湿围岩温度场分布规律。围岩无量纲温度与半径 r 之间关系满足式（3-14）：

$$\theta = c\ln(r) + d \qquad\qquad （3\text{-}14）$$

式中，c、d 均为与时间相关的常数。

　　通过对比干燥围岩与含湿围岩无量纲温度分布规律，可知：

　　（1）水分扩散对围岩温度场具有重要影响。含湿围岩与风流间等效对流换热系数要比干燥围岩高，因此含湿围岩巷道内的工作环境要比干燥巷道更恶劣。

　　（2）含湿围岩的冷却半径比干燥围岩大。例如，干燥围岩内部在 $r=12$ cm 位置时最终准稳态温度为 0.8，而在含湿围岩内部 $r=12$ cm 时准稳态温度为 0.67。显然含湿围岩与风流间换热要比干燥围岩强，风流带走的热量更多，主要是水分迁移引起的，可见含湿围岩的降温系统要比干燥围岩的热负荷更大。

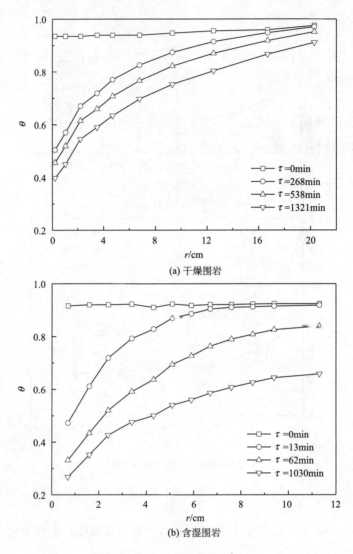

(a) 干燥围岩

(b) 含湿围岩

图 3-8　围岩非稳态温度分布

2）含水率

围岩内初始含水率均设定为 8%～10%。图 3-9（a）、（b）为不同初始条件和边界条件下围岩含水率变化曲线，不难发现含水率变化与无量纲温度变化类似。由于初始含水率是非饱和的，其在含湿围岩内的变化可用 Fick 第二定律表示。

含水率变化过程出现无规则波动，主要原因包括：①重力影响。水分迁移的主要驱动力是重力，故水分迁移过程必然受重力影响。对于巷道来说，水分梯度方向是径向，而重力方向则是竖向；受两者方向不同的影响，水分变化会有波动。②测试精度。含水率的测试精度没有热敏电阻高，所获得的数据会有无序波动。

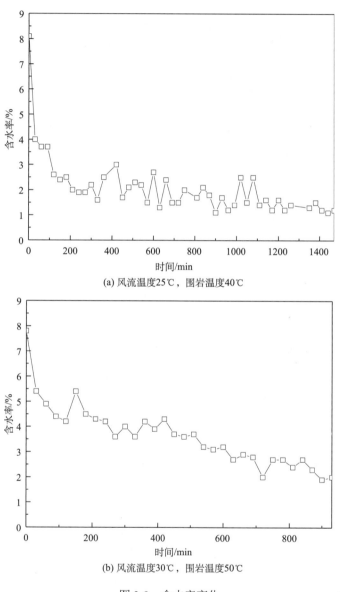

(a) 风流温度25℃，围岩温度40℃

(b) 风流温度30℃，围岩温度50℃

图 3-9　含水率变化

图 3-10 为含湿围岩内部水分场最终分布。与图 3-8 所示的围岩非稳态温度分布对比后发现：①水分场分布与温度场分布类似，因此对含湿巷道其水分迁移规律可用 Fick 第二定律来描述；②水分扩散半径明显要比冷却半径小。含湿围岩中，在 $r=8$ cm 处的含水率已与初始含水率大致相等，而在相同位置时含湿围岩与干燥围岩的温度却分别是初始温度的 76%和 65%，主要原因是由浓度梯度引起的水分扩散所需驱动力要比温度梯度产

生的热传递驱动小。

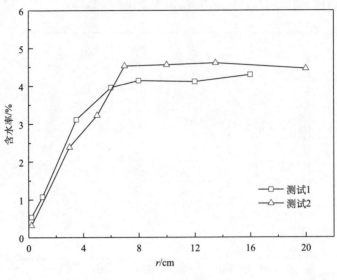

图 3-10　含水率分布

3）风流焓值

对热害矿井来说，围岩内部的热量和水分最终要迁移到风流中，就会造成风流热物理参数（如干球温度和相对湿度等）沿巷道轴向发生变化。为了阐明围岩与风流之间的显热与潜热传递，采用焓值代替干球温度和相对湿度。焓值公式如式（3-15）所示：

$$i = (1.01 + 1.85d)t + 2501d \tag{3-15}$$

式中，t 为风流干球温度；d 为风流绝对湿度。

图 3-11（a）和（b）为进风流与出风流焓值变化曲线，可知水分迁移对风流焓值增加有重要影响。图 3-11（a）所示，含湿围岩与风流间温差为 16℃，图 3-11（b）中干燥围岩与风流间温差为 30℃。对非稳态传热来说，温差越大，相同条件下传递的热量越大。然而，含湿围岩中出风口与进风口处风流焓差为 40 kJ/kg，干燥围岩风流在出风口与进风口位置间的焓差仅为 10 kJ/kg。很显然，水分传递引起的潜热在深部热环境中有重要作用，在降温工程中应该予以充分考虑。

此外，出风口风流焓值在初始阶段下降较快，主要受围岩与风流间温度和湿度差较大影响。随着热湿传递的进行，两者间差值趋小，围岩与风流间非稳态热湿传递最终转变为准稳态过程。

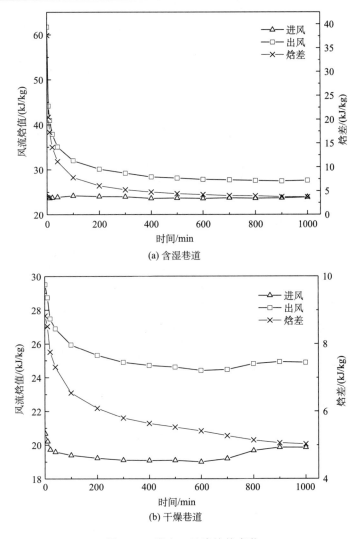

(a) 含湿巷道

(b) 干燥巷道

图 3-11　进出口风流焓值变化

3.5.2　周期性围岩温度及风流参数

1）围岩温度

进风流温度在 17～25℃间周期性变化，一个周期时间为 600min，围岩温度变化如图 3-12 所示。不难发现：

（1）围岩温度在初始阶段下降较快，与恒定温度进风试验类似。

（2）围岩温度最终也呈周期性变化，与风流温度波动周期一致。

（3）围岩温度波动幅度随着距离巷道壁面位置增加而逐渐降低，而且围岩温度曲线与风流温度曲线存在相位差，相位差随距离增加而不断增大。主要原因是围岩的比热要比风流大得多，根据能量守恒定律，即使风流温度波动较大，围岩的温度波动却很小；

此外，岩石是一种热惰性材料，导致其温度波动落后于风流。

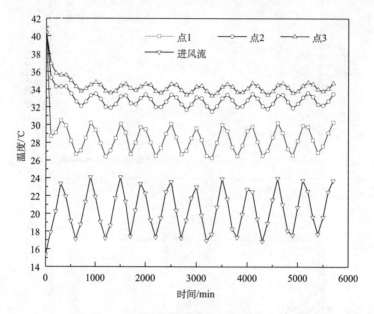

图 3-12　风流温度周期变化时围岩温度变化

2）风流热物理参数

进风流与出风流温度、绝对湿度变化如图 3-13（a）和（b）所示。可知：①出风流温度波动幅度要比进风流小，主要受围岩与风流间传热影响，故出风流温度波动降低；②风流绝对湿度降低，主要是干燥围岩引起的，可见风流中水分传递到干燥围岩中。

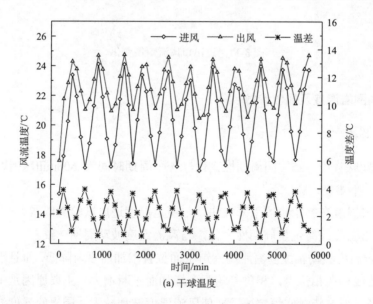

(a) 干球温度

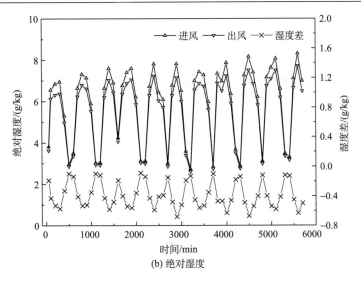

(b) 绝对湿度

图 3-13　进出口风流温度和绝对湿度变化

此外，进出风流温差也呈周期性波动，最大温差为 4℃，最小温差为 0.5℃；绝对湿度差亦周期波动，最大差值为 –0.08 g/kg，最小差值为 –0.77 g/kg。温度差及湿度差波动与进出风流温度及湿度波动相差半个相位，即进出风流温湿度达到最大值时，温差及湿度差为最小。与恒温进风流相比，周期性传热的温差及湿度差均较小。

进出风流的焓值也呈现周期性波动，如图 3-14 所示。出风流焓值波动与进风流类似，具有相同的相位。进出风流最大焓差为 4 kJ/kg，最小焓差为 –1.6 kJ/kg。与恒定温湿度进风流对比发现，周期性传热的最大焓差小得多。另外，当焓差变为负值时，受水分传递产生的潜热影响，风流的热量传递给围岩，尽管围岩温度要比风流温度高。

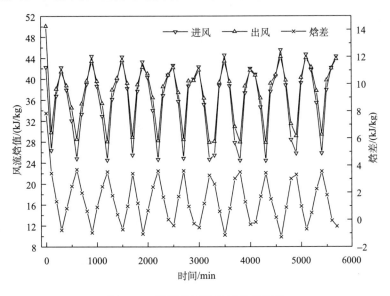

图 3-14　周期性试验风流焓值变化

第4章 地下巷道围岩及风流传热理论分析

4.1 概　述

随着煤炭工业的发展，人们越来越关注矿山工作环境，由于煤炭资源的大规模开采往往需要深部开采煤矿，深部开采与浅部开采最重要的区别是围岩初始温度较高，这就形成了热危害性矿山。这是关系到矿工健康和煤炭工业可持续发展的主要问题。主要热源为围岩的传热，迫切需要对深巷道内气流的传热特性和围岩与气流间的非定常传热进行研究。

利用管内湍流模型的温度速度分布规律类比，Barrow 和 Pope[45]计算了列车通过铁路隧道时隧道表面与气流之间的传热。虽然研究对象不同，但其思路和方法值得借鉴。McPherson[79]在 CLIMSIM 软件的帮助下模拟了气流的温度和相对湿度分布，但未涉及热湿传递机理。Lowndes 等[80,81]分析了开挖气道在局部通风条件下的温度分布，但对传热传湿机理也没有进行研究。巷道与气流之间的传热实际上是不稳定的过程，但巷道表面温度在一定时间后基本不发生变化，那么围岩与气流之间的传热可以认为是准稳态问题[82]。

McPherson[79]用 CLIMSIM 软件分析了巷道温度和湿度的变化，提出了非定常传热方程，采用分离变量法求解循环空气温度的非定常传热方程，分析了无量纲传热系数。因此，初始条件的分离是不完整的。孙培德[37,38]也使用拉普拉斯变换方法求解了恒定温度下的非定常传热方程，但只分析了无量纲传热系数。王英敏等[83]采用有限差分法分析了无量纲传热系数。

有许多关于气道周围岩石非定常传热的研究报告，但大多数都局限于对无量纲传热系数的研究。它们都没有给出一个明确的解析解。此外，一些其他因素还没有研究，所以有必要对这个问题进行深入的研究。

4.2　巷道围岩非稳态传热

4.2.1　控制方程

圆形各向同性的干燥巷道，假设进风流温度恒定且不考虑沿轴向巷道壁面的温度变化，当围岩半径增大到 R_0 时其温度为原始岩温，那么某一截面围岩的传热可简化为热传导过程，控制方程为

$$\frac{\partial t}{\partial \tau} = a\left(\frac{\partial^2 t}{\partial r^2} + \frac{1}{r}\frac{\partial t}{\partial r}\right) \tag{4-1a}$$

初始条件

$$t(r,\tau)\big|_{\tau=0} = t_0 \tag{4-1b}$$

边界条件

$$\begin{cases} \lambda\dfrac{\partial t}{\partial r}\bigg|_{r=r_0} = h(t-t_a) \\ t(r,\tau)\big|_{r=R_0} = t_0 \end{cases} \tag{4-1c}$$

式中，t 为围岩温度；τ 为时间；a 为热扩散系数；r 为岩体半径；r_0 为巷道半径；R_0 为风流扰动围岩半径；t_0 为原始岩温；t_a 为风流温度；λ 为围岩导热系数；h 为风流与巷道壁面对流换热系数。

4.2.2　方程求解

为将式（4-1c）中边界条件齐次化，令 $T = t - t_a$，代入上述控制方程得

$$\frac{\partial T}{\partial \tau} = a\left(\frac{\partial^2 T}{\partial r^2} + \frac{1}{r}\frac{\partial T}{\partial r}\right) \tag{4-2a}$$

初始条件

$$T(r,\tau)\big|_{\tau=0} = t_0 - t_a \tag{4-2b}$$

边界条件

$$\begin{cases} \dfrac{\partial T}{\partial r}\bigg|_{r=r_0} = \dfrac{h}{\lambda}T \\ T(r,\tau)\big|_{r=R_0} = t_0 - t_a \end{cases} \tag{4-2c}$$

方程（4-2）为二阶齐次线性偏微分方程，边界条件仍不符合齐次化要求，但其解符合线性叠加方式，故将方程（4-2）分解成式（4-3）和式（4-4）进行求解，那么方程（4-2）的解为式（4-3）+式（4-4）的解：

$$\begin{cases} \dfrac{d^2 T_1}{dr^2} + \dfrac{1}{r}\dfrac{dT_1}{dr} = 0 \\ \lambda\dfrac{dT_1}{dr}\bigg|_{r=r_0} = hT_1 \\ T_1(R_0) = t_0 - t_a \end{cases} \tag{4-3}$$

$$\begin{cases} \dfrac{\partial T_2}{\partial \tau} = a\left(\dfrac{\partial^2 T_2}{\partial r^2} + \dfrac{1}{r}\dfrac{\partial T_2}{\partial r} \right) \\[2mm] T_2(r,\tau)\big|_{\tau=0} = t_0 - t_a - T_1 \\[2mm] \lambda \dfrac{\partial T_2}{\partial r}\bigg|_{r=r_0} = hT_2 \\[2mm] T_2(r,\tau)\big|_{r=R_0} = 0 \end{cases} \tag{4-4}$$

式（4-3）为二阶常微分方程，可直接求解，其解为

$$T_1 = (t_0 - t_a)\dfrac{1 + \dfrac{hr_0}{\lambda}\ln\dfrac{r}{r_0}}{1 + \dfrac{hr_0}{\lambda}\ln\dfrac{R_0}{r_0}} \tag{4-5}$$

式（4-4）中边界条件符合齐次化要求，可采用分离变量法求解。令 $T(r,\tau) = R(r)\cdot\Gamma(\tau)$，将式（4-4）分离变量得

$$\frac{1}{a\Gamma}\frac{\mathrm{d}\Gamma}{\mathrm{d}\tau} = -\beta^2 \tag{4-6}$$

$$\frac{1}{R}\left(\frac{\mathrm{d}^2 R}{\mathrm{d}r^2} + \frac{1}{r}\frac{\mathrm{d}R}{\mathrm{d}r} \right) = -\beta^2 \tag{4-7}$$

式（4-6）的解为

$$\Gamma(\tau) = \mathrm{e}^{-a\beta^2\tau} \tag{4-8}$$

式（4-7）加上式（4-4）中的边界条件构成 Sturm-Liouville 问题，可按照求解特征值问题方法进行求解，其特征函数为[84,85]

$$R_0(\beta_m, r) = \mathrm{J}_0(\beta_m r)\mathrm{Y}_0(\beta_m R_0) - \mathrm{J}_0(\beta_m R_0)\mathrm{Y}_0(\beta_m r) \tag{4-9}$$

式中，J_0、Y_0 分别为 0 阶一类和二类贝塞尔函数；β_m 为特征值，是下列超越方程的正根：

$$U_0\mathrm{Y}_0(\beta_m R_0) - W_0\mathrm{J}_0(\beta_m R_0) = 0 \tag{4-10}$$

式中，$U_0 \equiv \beta_m\mathrm{J}_0{'}(\beta_m r_0) - \dfrac{h}{\lambda}\mathrm{J}_0(\beta_m r_0)$；$W_0 \equiv \beta_m\mathrm{Y}_0{'}(\beta_m r_0) - \dfrac{h}{\lambda}\mathrm{Y}_0(\beta_m r_0)$。当 $\beta = \beta_m$ 时方程有解，当 $\beta \neq \beta_m$ 时方程仅有零解。范数 $N(\beta_m)$ 为

$$\frac{1}{N(\beta_m)} = \frac{\pi^2}{2}\frac{\beta_m{}^2 U_0{}^2}{U_0{}^2 - B_1\mathrm{J}_0{}^2(\beta_m R_0)} \tag{4-11}$$

式中，$B_1 \equiv \left(\dfrac{h}{\lambda}\right)^2 + \beta_m{}^2$。

式（4-4）的解形式为

$$\theta_2(r,\tau) = \sum_{m=1}^{\infty} e^{-a\beta_m^2\tau} \frac{1}{N(\beta_m)} R_0(\beta_m, r) \cdot \int_{r_0}^{R_0} r' R_0(\beta_m, r')(t_0 - t_a - T_1) \mathrm{d}r' \qquad (4\text{-}12)$$

式中，r' 为积分变量，无实际意义。式（4-12）右端积分项内的 $(t_0 - t_a - T_1)$ 为 r 的函数，将式（4-5）计算出的 T_1 值代入式（4-12），根据贝塞尔函数积分性质，可采用分部积分法求解，然后将式（4-9）、式（4-11）代入式（4-12）即得方程（4-4）的解，限于篇幅直接给出结果：

$$
\begin{aligned}
T_2(r,t) &= \frac{\dfrac{hr_0}{\lambda}(t_0 - t_a)}{\dfrac{hr_0}{\lambda}\ln\dfrac{R_0}{r_0} + 1} \sum_{m=1}^{\infty} e^{-\alpha\beta_m^2}\tau \cdot \frac{\pi^2 U_0^2}{2[U_0^2 - B_1 J_0^2(\beta_m R_0)]}[J_0(\beta_m r) Y_0(\beta_m R_0)] \\
&\quad - J_0(\beta_m R_0) Y_0(\beta_m r)] \cdot \big\{ \beta_m r_0 \ln(R_0/r_0)\big[J_0(\beta_m R_0)\cdot Y_1(\beta_m r_0) \\
&\quad - J_1(\beta_m r_0) Y_0(\beta_m R_0)\big] + J_0(\beta_m r_0)\cdot Y_0(\beta_m R_0) - J_0(\beta_m R_0) Y_0(\beta_m r_0) \big\}
\end{aligned}
\qquad (4\text{-}13)
$$

将式（4-5）和式（4-13）相加即可得 T，代入 $T = t - t_a$ 可知围岩温度分布为

$$
\begin{aligned}
t(r,\tau) &= t_a + (t_0 - t_a)\frac{1 + \dfrac{hr_0}{\lambda}\ln\dfrac{r}{r_0}}{1 + \dfrac{hr_0}{\lambda}\ln\dfrac{R_0}{r_0}} + (t_0 - t_a)\cdot \frac{\dfrac{hr_0}{\lambda}}{1 + \dfrac{hr_0}{\lambda}\ln\dfrac{R_0}{r_0}} \sum_{m=1}^{\infty} e^{-a\beta_m^2\tau} \frac{\pi^2 U_0^2}{2[U_0^2 - B_1 J_0^2(\beta_m R_0)]} \\
&\quad \cdot [J_0(\beta_m r) Y_0(\beta_m R_0) - J_0(\beta_m R_0) Y_0(\beta_m r)] \cdot \big\{ \beta_m r_0 \cdot \ln(R_0/r_0)\big[J_0(\beta_m R_0) Y_1(\beta_m r_0) \\
&\quad - J_1(\beta_m r_0) Y_0(\beta_m R_0)\big] + J_0(\beta_m r_0) Y_0(\beta_m R_0) - J_0(\beta_m R_0) Y_0(\beta_m r_0) \big\}
\end{aligned}
$$

$$(4\text{-}14)$$

式中，J_1、Y_1 分别为 1 阶一类和二类贝塞尔函数。式（4-14）为巷道围岩非稳态传热方程解析解，下面基于解析解的显式形式，对巷道围岩非稳态传热的相关规律展开分析。

4.3　非稳态传热规律

4.3.1　无量纲壁面温度

在非稳态对流换热中，围岩壁面与风流之间的温差是引起传热的根本原因，而且温差的大小决定换热量的大小，因此分析壁面温度的变化规律对了解非稳态换热有重要意义。求出围岩温度的理论解后，令 $r = r_0$ 即可得出壁面温度的变化规律。为获得普适规律，将式（4-14）无量纲化，如下式所示：

$$\theta = \frac{1 + Bi\ln\dfrac{r}{r_0}}{1 + Bi\ln\dfrac{R_0}{r_0}} + \frac{Bi}{1 + Bi\ln\dfrac{R_0}{r_0}} \sum_{m=1}^{\infty} e^{-Fo(r_0\beta_m)^2} \frac{\pi^2 U_0^2}{2[U_0^2 - B_1 J_0^2(\beta_m R_0)]}[J_0(\beta_m r) Y_0(\beta_m R_0)]$$

$$-J_0(\beta_m R_0)Y_0(\beta_m r)] \cdot \{\beta_m r_0 \ln(R_0/r_0)[J_0(\beta_m R_0) \cdot Y_1(\beta_m r_0) - J_1(\beta_m r_0)Y_0(\beta_m R_0)]$$

$$+J_0(\beta_m r_0) \cdot Y_0(\beta_m R_0) - J_0(\beta_m R_0)Y_0(\beta_m r_0)\} \tag{4-15}$$

式中，$\theta = \dfrac{t - t_a}{t_0 - t_a}$，为无量纲过余温度；$Bi = \dfrac{hr_0}{\lambda}$，为毕奥数；$Fo = \dfrac{a\tau}{r_0^2}$，为傅里叶数。

可以看出无量纲过余温度与 Bi、Fo 以及巷道半径 r_0、远边界半径 R_0 有关系。

式（4-15）中除了 Bi 和 β_m 外均已知，因此要研究无量纲过余温度的变化情况必须要求解这两个未知数。对于固定的巷道来说，由于巷道半径和导热系数已知，那么 Bi 数由风流与围岩表面对流换热系数决定，而表面对流换热系数与巷道表面的粗糙度以及风速相关，因此 Bi 数可作为定性准则；β_m 是式（4-10）所示的超越方程的根，要求出超越方程的精确解是非常困难的，但对于求某种精度下的近似解是比较容易实现的，而且近似解对于分析巷道围岩无量纲过余温度变化来说也能精确反映变化规律。

易知超越方程式（4-10）有无穷多正根，在计算时取的根越多，得出解的精确度越高。本书采用 MATLAB 程序通过迭代法计算了超越方程的前 80 个根，实际计算时取了前 50 个根。表 4-1 给出了 λ=3.22 时不同 h 下 β_m 的前 5 个值。

表 4-1　超越方程的前五个根

h	β_1	β_2	β_3	β_4	β_5
5	8.27	18.98	29.92	41.00	52.15
10	8.42	19.11	30.04	41.10	52.24
15	8.55	19.24	30.15	41.19	52.32

图 4-1 是计算出的砂岩和花岗岩两种巷道壁面温度变化曲线，图 4-1（a）是砂岩，导热系数为 3.22W/（m·K）；图 4-1（b）为花岗岩，导热系数为 6.60W/（m·K）。计算中除了材料本身的热物理参数，如热扩散系数 a 不同外，其余参数如边界条件等均相同。其中图 4-1（a）中三个 Bi 数对应的表面对流换热系数 h 分别为 5W/（m^2·K）、10W/（m^2·K）和 15W/（m^2·K），图 4-1（b）中三个 Bi 数对应的表面对流换热系数 h 分别为 20W/（m^2·K）、30W/（m^2·K）和 40 W/（m^2·K）。

由图 4-1 可知：

（1）表面对流换热系数 h 对壁面温度的变化有很大影响，换算成 Bi 数可以明显看出无论对何种热物理参数的围岩，只要 Bi 越大，巷道壁面无量纲温度变化就越大。

（2）图 4-1（a）中 h=15W/（m^2·K）和图 4-1（b）中 h=30W/（m^2·K）时，虽然两种围岩的导热系数和表面换热系数均不相等，但 Bi 数均为 0.11，此时对比图 4-1（a）和图 4-1（b）不难发现，巷道壁面无量纲温度的变化曲线相同，说明对于深部巷道来说，只要非稳态传热的 Bi 数相等，那么巷道无量纲过余温度变化规律就相同。

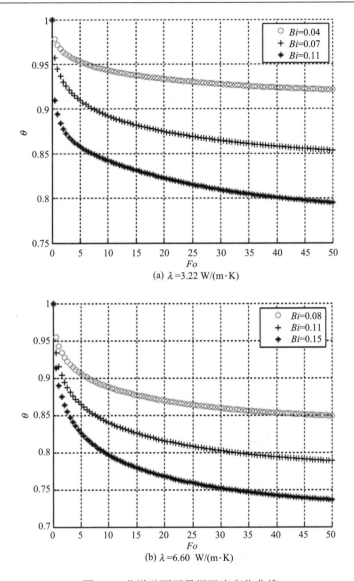

(a) $\lambda = 3.22$ W/(m·K)

(b) $\lambda = 6.60$ W/(m·K)

图 4-1　巷道壁面无量纲温度变化曲线

4.3.2　无量纲换热系数

日本内野健一等曾提出无量纲不稳定换热系数 k 是无量纲梯度的观点，其定义可参考式（4-16），但并未给出 k 的显式解析形式[37,38]。下面结合计算出的理论解对 k 的变化进行分析。

$$k = \frac{r_0 \left(\dfrac{\partial t}{\partial r} \right)_{r=r_0}}{t_{\mathrm{V}} - \Theta} = f\left(Bi, Fo \right) \qquad （4-16）$$

式中，t 为冷却围岩温度；t_V 是原始岩温；Θ 为风流温度；r_0 为圆形巷道半径。式（4-14）对 r 求偏导数，并将 $r=r_0$ 代入后可知 k 为

$$k = r_0 \frac{\partial \theta}{\partial r}\Big|_{r=r_0} = \frac{Bi}{1+Bi\ln\dfrac{R_0}{r_0}} + \frac{r_0 Bi}{1+Bi\ln\dfrac{R_0}{r_0}} \sum_{m=1}^{\infty} \mathrm{e}^{-Fo(r_0\beta_m)^2} \frac{\pi^2 U_0^2}{2\left[U_0^2 - B_1 \mathrm{J}_0^2(\beta_m R_0)\right]}[-\beta_m \mathrm{J}_1(\beta_m r_0)$$

$$\cdot \mathrm{Y}_0(\beta_m R_0) + \beta_m \mathrm{J}_0(\beta_m R_0)\mathrm{Y}_1(\beta_m r_0)]\cdot\{\beta_m r_0 \cdot \ln(R_0/r_0)[\mathrm{J}_0(\beta_m R_0)\mathrm{Y}_1(\beta_m r_0)$$

$$-\mathrm{J}_1(\beta_m r_0)\mathrm{Y}_0(\beta_m R_0)] + \mathrm{J}_0(\beta_m r_0)\mathrm{Y}_0(\beta_m R_0) - \mathrm{J}_0(\beta_m R_0)\mathrm{Y}_0(\beta_m r_0)\} \tag{4-17}$$

式（4-17）为无量纲不稳定换热系数 k 理论表达式，图 4-2 为不同 Bi 数下 k 随 Fo 数的变化曲线。

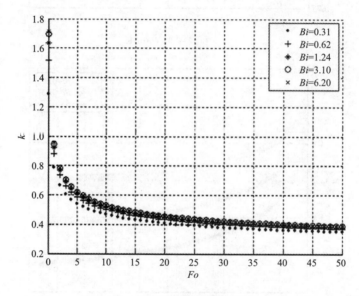

图 4-2　k 与 Fo 间变化曲线

由图 4-2 可以看出无量纲换热系数 k 的变化规律：

（1）在非稳态传热的初始阶段，k 值变化较大，且 Bi 数越大，k 的变化幅度越大，当 Fo 超过某一值时 k 趋于定值，约为 0.4。

（2）随着 Fo 数增大，相比非稳态传热初始阶段 Bi 数对 k 的影响越来越小，整体变化规律与文献[86]结论一致。

4.3.3　正规状况阶段

作者曾根据平板非稳态传热问题的正规状况阶段判断公式，改进后提出了适合判断巷道型非稳态传热正规状况阶段的公式，并通过试验数据验证了巷道非稳态传热也存在正规状况阶段，这里直接引用改进后的判断公式

$$\frac{\theta(x_1,\tau)}{\theta(x_2,\tau)} = \cos\left[(\beta_1\delta)\frac{x_1}{\delta}\right]\Big/\cos\left[(\beta_2\delta)\frac{x_2}{\delta}\right] \tag{4-18}$$

根据式（4-18），从巷道近壁端围岩任取两个位置不同的测点，计算两点的过余温度比值变化，如图 4-3 所示，其中图 4-3（a）为同种围岩不同表面换热系数（Bi 数不同）下过余温度比值变化，图 4-3（b）为两种围岩相同 Bi 数下过余温度比值变化。

对图 4-3 分析可知：

（1）当 $Fo>2$ 时，过余温度比值不再随 Fo 数而变化，说明巷道围岩非稳态传热过程中也存在正规状况阶段，从理论上验证了试验数据正确。

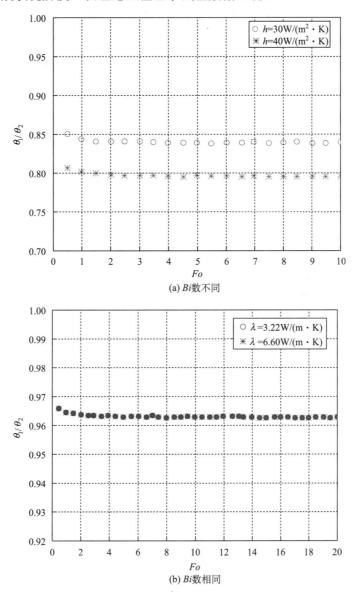

(a) Bi 数不同

(b) Bi 数相同

图 4-3　Bi 数对正规状况阶段影响

（2）图 4-3（a）为同种围岩不同位置两个测点的过余温度比值变化曲线，对流换热系数分别为 30W/（m²·K）和 40W/（m²·K），易知 Bi 数不同时，过余温度比值也不同；图 4-3（b）为两种围岩相同 Bi 数下过余温度比值变化曲线，可见虽然围岩的导热系数 λ 和对流换热系数 h 均不相同，但只要 Bi 数相同，那么过余温度比值变化率就相同。因此可知，不管巷道围岩的热物理参数和初始温度分布如何，围岩体过余温度比值的变化率只取决于 Bi 数和相对位置。

（3）由于在正规状况阶段围岩过余温度变化率不随 Fo 数而变化，那么可用这一规律来预测在正规状况阶段中不同时刻的围岩温度分布，对实际工程有重要应用价值。

巷道非稳态传热的正规状况阶段需要的 Fo 数虽然比平板、实心圆柱和球体大，但从实际工程来说，所关心的非稳态传热全部处于正规状况阶段，因此并不影响结论的应用。下面分析非稳态传热进入正规状况以后，计算温度时取第一项来近似代替整体无穷级数是否准确，图 4-4 是无穷级数取不同项数时的温度计算值。

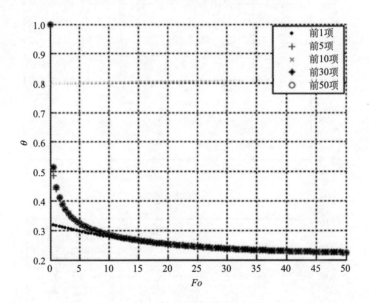

图 4-4　正规状况阶段温度计算

由图 4-4 可知：

（1）非稳态传热进入正规状况阶段后，当 Fo=2～12 时，仅采用无穷级数第一项来代替完整级数得出的计算值与实际值存在较大误差，此阶段不能用第一项代替完整级数，而当项数为 5 时，计算值与采用 10 项、30 项和 50 项时完全重合。

（2）当 Fo>12 后，可采用第一项来代替完整级数来简化计算，所以在实际计算时应该根据 Fo 数选择合适的项数来代替完整级数，单纯用第一项来计算可能产生较大误差，应该特别注意。

4.4　巷道风流流动特性

4.4.1　流动状态

在选择圆管对流换热模型时，首先要判断流体的流动是层流还是紊流。对于一般矿井巷道来说，大多的形状如图 4-5 所示，尺寸按照常规巷道取宽为 3m，矩形高度为 2m，顶端半圆半径为 1.5m。根据《煤矿安全规程》[87]规定，普通通风人行巷道中最低风速为 0.15m/s（实际值远远大于 0.15），可用于计算巷道中风流流动 Re 数。

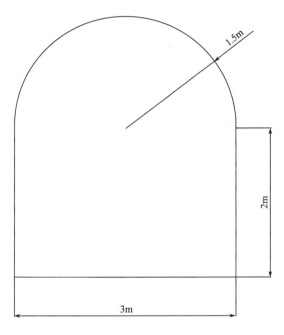

图 4-5　巷道截面

对于非圆形截面的巷道需要按照式（4-19）计算等效直径 R_{eff}

$$R_{\text{eff}} = 4A / U \tag{4-19}$$

式中，A 为面积，m^2；U 为周长，m。将等效直径代入 Re 计算式有

$$Re = \frac{uR_{\text{eff}}}{\nu} \tag{4-20}$$

式中，u 为风速，m/s；R 为巷道等效直径；ν 为空气运动黏度，m^2/s（取 1.5×10^{-5}）。按照最低风速 0.15m/s 计算出 $Re=0.45\times10^5$，远大于圆管层流的上临界数（$Re=2000\sim4000$），可见在煤矿巷道中风流均属于紊流。

此外，对于矿井巷道中的风流来说，绝大部分位置的风流流动与传热均处于充分发展区内，因此风流速度分布和温度分布均与轴向位置无关。

4.4.2 静压力及切应力

如图4-6所示，对于充分发展阶段的定常不可压缩圆管紊流，平均Reynolds方程为[88,89]

$$\frac{\partial \overline{p}}{\partial x} = -\frac{\rho}{r}\frac{\mathrm{d}}{\mathrm{d}r}(r\overline{u_x'u_r'}) + \mu\left(\frac{\mathrm{d}^2 u_x}{\mathrm{d}r^2} + \frac{1}{r}\frac{\mathrm{d}u_x}{\mathrm{d}r}\right) \tag{4-21}$$

$$\frac{1}{\rho}\frac{\partial \overline{p}}{\partial r} = -\frac{1}{r}\frac{\mathrm{d}}{\mathrm{d}r}(r\overline{u_r'^2}) + \frac{\overline{u_\theta'^2}}{r} \tag{4-22}$$

式中，$\overline{p}$ 为空气流平均静压力；ρ 为空气密度；μ 为空气动力黏度；u_x, u_r, u_θ 分别为三个坐标方向的速度分量。

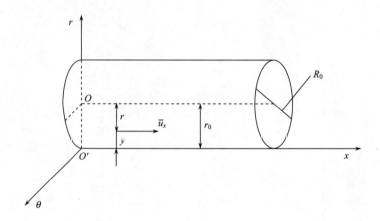

图4-6 巷道紊流

对方程（4-22）关于 r 积分有

$$\overline{p}(x,r) + \rho\overline{u_r'^2} - \rho\int_r^{d/2}\frac{\overline{u_r'^2} - \overline{u_\theta'^2}}{r}\mathrm{d}r = \overline{p_{\mathrm{w}}}(x) \tag{4-23}$$

式中，$\overline{p_{\mathrm{w}}}(x)$ 为巷道壁面平均静压。将式（4-23）代入式（4-21），整理后有

$$\frac{1}{\rho}\frac{\mathrm{d}\overline{p_{\mathrm{w}}}}{\mathrm{d}x} = -\frac{1}{r}\frac{\mathrm{d}}{\mathrm{d}r}(r\overline{u_r'u_x'}) + \nu\left(\frac{\mathrm{d}^2\overline{u_x}}{\mathrm{d}r^2} + \frac{1}{r}\frac{\mathrm{d}\overline{u_x}}{\mathrm{d}r}\right) \tag{4-24}$$

方程（4-24）两边均乘以 r，并对 r 积分

$$\frac{r}{2}\frac{\mathrm{d}\overline{p_{\mathrm{w}}}}{\mathrm{d}x} = -\rho\overline{u_r'u_x'} + \mu\frac{\mathrm{d}\overline{u_x}}{\mathrm{d}r} \tag{4-25}$$

方程（4-25）中当 $r=R_0/2$ 时，左边为 x 的函数，右边为 r 的函数，要使得两边相等，必然等号左边和右边均为常数，即

$$\frac{\mathrm{d}\overline{p_{\mathrm{w}}}}{\mathrm{d}x} = \frac{4}{R_0}\left(-\rho\overline{u_r'u_x'} + \mu\frac{\mathrm{d}\overline{u_x}}{\mathrm{d}r}\right)\bigg|_{r=R_0/2} = \mathrm{const} \tag{4-26}$$

对式（4-26）积分

$$\overline{p_{\mathrm{w}}}(x) - \overline{p_{\mathrm{w}}}(0) = -\frac{4}{R_0}\mu\left[\frac{\mathrm{d}\overline{u_x}}{\mathrm{d}r}\right]_{r=R_0/2} \cdot x = -\frac{4}{R_0}\tau_{\mathrm{w}}x \tag{4-27}$$

式中，$\tau_{\mathrm{w}} = \mu\left[\dfrac{\mathrm{d}\overline{u_x}}{\mathrm{d}r}\right]_{r=R_0/2}$，为壁面切应力。将式（4-27）代入式（4-23）整理有

$$\overline{p}(x,r) - \overline{p_{\mathrm{w}}}(0) = -\frac{4}{R_0}\tau_{\mathrm{w}}x - \overline{\rho u_r'^2} + \rho\int_r^{d/2}\frac{\overline{u_r'^2} - \overline{u_\theta'^2}}{r}\mathrm{d}r \tag{4-28}$$

在巷道流核心区不存在径向速度分量，因此截面上的压力梯度可认为是均匀分布的。那么由式（4-26）及式（4-27）可知切应力分布为

$$\frac{\tau_{r,x}}{\tau_{\mathrm{w}}} = \frac{2r}{R_0} = 1 - \frac{2y}{R_0} \tag{4-29}$$

式中，$\tau_{r,x} = -\overline{\rho u_r'u_x'} + \mu\dfrac{\mathrm{d}\overline{u_x}}{\mathrm{d}r}$，为总切应力；$y$ 为流体质点到壁面的距离。由式（4-29）可知，在圆管湍流中切应力也符合线性分布，与层流时分布相同。

4.4.3　紊流沿程阻力

由于实际流动均处于紊流，因此试验中选择的风速也均满足紊流状态要求，选择风速范围在 3.4～4.7m/s，同时测量进风端和出风端的静压力，作如图 4-7 所示的压差与风速间曲线，通过回归可得出两者间关系如式（4-30）所示：

$$\Delta p = 1.197u^{1.882} \tag{4-30}$$

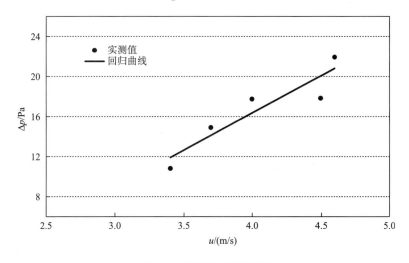

图 4-7　压差与风速曲线

易知黏性流体沿程阻力损失为[90]

$$\Delta h = \lambda \frac{l}{d} \frac{u^2}{2g} \tag{4-31}$$

将式（4-31）及式（4-20）代入式（4-30），整理实测数据可得试验模拟巷道的沿程阻力系数：

$$\lambda = 0.1997 Re^{-0.1179} \tag{4-32}$$

在实际工程应用中也可以通过实测数据回归出某段巷道的沿程阻力系数，其形式如式（4-32）所示，只是常数项不同。

4.4.4 截面速度分布

根据光滑圆管紊流理论，对于充分发展段的巷道紊流，在截面上按照与壁面距离不同可将流动划分为两层：内层和外层。在内层中，流动受壁面条件，如切应力、粗糙度等影响较大，通常可分为三层：黏性底层、过渡层和紊流层，其中过渡层由于介于黏性底层和紊流层之间，黏性切应力和湍流切应力均不能忽略，其速度分布较复杂，通常假设过渡层的速度也符合对数分布，通过黏性底层与紊流层的两个边界条件回归出速度分布，本书研究中认为其速度分布和紊流层相同。紊流层与外层相连，其速度分布可认为与外层相同，下面分别讨论黏性底层、紊流层以及过渡层的速度分布规律。

1）黏性底层

在黏性底层中，流动主要受黏性切应力影响，而湍流切应力极小可以忽略不计，那么流动状态可认为处于层流，因此有

$$\tau_{r,x} = \tau_1 = \mu \frac{\partial \overline{u_x}}{\partial y} \tag{4-33}$$

式中，τ_1 为层流切应力。将式（4-33）代入式（4-29）有

$$\nu \frac{\partial \overline{u_x}}{\partial y} = \frac{\tau_{\mathrm{w}}}{\rho} = \left(u*\right)^2 \tag{4-34}$$

式中，$u*$ 为壁面切应力速度；边界条件为 $y=0$，$\overline{u_x}=0$。

对式（4-34）积分，并代入边界条件后有

$$\frac{\overline{u_x}}{u*} = \frac{yu*}{\nu} \tag{4-35}$$

式（4-35）可以写成无量纲形式

$$\overline{u_x^+} = y^+ \tag{4-36}$$

可见在黏性底层，流体无量纲速度分布与无量纲距离为线性关系。

2）紊流层

在紊流层中，速度分布按照对数律分布，即

$$\frac{\overline{u_x}}{u^*} = \frac{1}{k}\ln y + c \tag{4-37}$$

边界条件为 $y = \delta'$，$u = u_\delta$，代入式（4-37）有

$$c = \frac{u_\delta}{u^*} - \frac{1}{k}\ln \delta' \tag{4-38}$$

壁面切应力公式为

$$\tau_w = \mu\frac{du}{dy} \tag{4-39}$$

将式（4-39）积分有

$$u = \frac{\tau_w}{\mu}y + c_1 \tag{4-40}$$

边界条件为 $y = 0$，$u = 0$，代入式（4-40）可知积分常数 $c_1 = 0$，那么式（4-40）为

$$u = \frac{\tau_w}{\mu}y \tag{4-41}$$

由式（4-41）可知 $\delta' = \dfrac{u_\delta}{\tau_w}$，$\mu = \dfrac{u_\delta}{u^{*2}}\nu$，代入式（4-37）有

$$\frac{u}{u^*} = \frac{1}{k}\ln\frac{yu^*}{\nu} + \frac{u_\delta}{u^*} - \frac{1}{k}\ln\frac{u_\delta}{u^*} \tag{4-42}$$

式中，$k = 0.4$，为 Karman 常数，文献[91]曾对 Karman 常数进行过分析，认为其可取定值；$c = \dfrac{u_\delta}{u^*} - \dfrac{1}{k}\ln\dfrac{u_\delta}{u^*}$，为常数。

根据图 4-7 以及式（4-30）、式（4-32）可以确定 c 为

$$c = \frac{u_\delta}{u^*} - \frac{1}{k}\ln\frac{u_\delta}{u^*} = 5.3 \tag{4-43}$$

将 $c = 5.3$ 以及 $k = 0.4$ 代入式（4-37）可确定该层速度分布为

$$\overline{u_x^+} = 2.5\ln y^+ + 5.3 \tag{4-44}$$

3）过渡层

过渡层中受黏性切应力和湍流切应力的影响，通常认为其速度分布也符合对数形式

$$\overline{u_x^+} = a_1\ln y^+ + a_2 \tag{4-45a}$$

式中，a_1, a_2 为常数。边界条件为 $y^+ = 5, \overline{u_x^+} = y^+$；$y^+ = 30, \overline{u_x^+} = 2.5\ln y^+ + 5.3$。根据边界条

件可以确定式（4-45a）中常数 a_1, a_2。将 $y^+ = 5, y^+ = 30$ 时边界条件分别代入式（4-36）和式（4-44），然后将式（4-45a）对应的边界条件代入，可得常数 $a_1 = 4.9$，$a_2 = -2.9$。因此过渡层的速度分布为

$$\overline{u_x^+} = 4.9\ln y^+ - 2.9 \tag{4-45b}$$

那么式（4-36）、式（4-45b）和式（4-44）即可描述巷道截面流体速度分布，巷道截面速度公式可表示为

黏性底层：　　　　　$\overline{u_x^+} = y^+$，$y^+ < 5$ 　　　　　　　　（4-46a）

过渡层：　　　　　$\overline{u_x^+} = 4.9\ln y^+ - 2.9$，$5 < y^+ < 30$ 　　　　（4-46b）

对数律层：　　　　$\overline{u_x^+} = 2.5\ln y^+ + 5.3$，$y^+ > 30$ 　　　　（4-46c）

获得截面速度分布后，可用来计算风流在截面上的温度分布，下节分析将以速度分布为基础，讨论温度分布和对流换热相关规律。

4.5　巷道风流对流换热分析

4.5.1　能量方程

仍以图 4-6 所示坐标系为例，对于定常、不可压缩流体在圆管中的稳态传热，其能量方程中的压缩项和黏性耗散项均可忽略不计，简化后的能量方程为[92]

$$u_x\frac{\partial(\rho c_p t)}{\partial x} + u_r\frac{\partial(\rho c_p t)}{\partial r} + u_\theta\frac{1}{r}\frac{\partial(\rho c_p t)}{\partial \theta} = \lambda\left[\frac{\partial^2 t}{\partial x^2} + \frac{1}{r^2}\frac{\partial^2 t}{\partial \theta^2} + \frac{1}{r}\frac{\partial}{\partial r}\left(r\frac{\partial t}{\partial r}\right)\right] \tag{4-47}$$

为了书写方便，后面关于紊流的平均量均省略平均符号，如用 u_x 代替 $\overline{u_x^+}$，上式同。在湍流传热的充分发展区，上式左边中 $u_r = u_\theta = 0$。等式右边中，$\dfrac{\partial^2 t}{\partial x^2}$ 项是沿流动方向的热传导项，远小于第三项，可忽略；$\dfrac{\partial^2 t}{\partial \theta^2}$ 表示沿 θ 方向的热传导，在恒热流或恒壁温边界条件下有 $\dfrac{\partial^2 t}{\partial \theta^2} \approx 0$，也可忽略不计。那么式（4-47）可简化为

$$\rho c_p u_x\frac{\partial t}{\partial x} = \lambda\frac{1}{r}\frac{\partial}{\partial r}\left(r\frac{\partial t}{\partial r}\right) \tag{4-48}$$

考虑由于紊流脉动引起的热扩散影响，可知定常不可压缩圆管对流换热能量方程为

$$u_x\frac{\partial t}{\partial x} = \frac{1}{r}\frac{\partial}{\partial r}\left[r(a + \varepsilon_h)\frac{\partial t}{\partial r}\right] \tag{4-49}$$

式中，ε_h 为紊流热扩散率。

4.5.2　温度分布

在通风初始阶段巷道近壁端温度变化很大时，经过一段时间后壁面与风流之间的对流换热最终将趋于稳态，这与常规换热器的热工试验不同。而实际工程中关注的往往是巷道近壁面端温度达到相对稳态及以后的规律，因此当对流换热达到相对稳态后其相关计算又可以借鉴换热器计算模型。为了确定风流与巷道之间对流换热所选择的计算模型，需要对边界温度控制系统的进出水口两个测点的温度变化进行测试。表 4-2～表 4-5 为不同方案下两个测点水温变化情况，不难发现两者的温差基本趋于定值，在流量恒定前提下，巷道围岩获取的热量也基本趋于定值，说明巷道壁面散发的热流量也趋于定值，那么符合恒热流模型的前提。

表 4-2　风速 3.0m/s 时水温变化　　　　（单位：℃）

时间/min	0	100	200	300	400	500	600	700	800	900	1000
进水水温	37.26	36.96	36.91	36.87	36.91	36.92	36.83	36.89	36.88	36.82	36.80
出水水温	35.63	35.52	35.45	35.42	35.35	35.32	35.31	35.31	35.33	35.31	35.23
温差	1.63	1.44	1.46	1.45	1.56	1.60	1.52	1.58	1.55	1.51	1.57

表 4-3　风速 3.5m/s 时水温变化　　　　（单位：℃）

时间/min	0	100	200	300	400	500	600	700	800	900	1000
进水水温	36.71	36.81	36.82	36.68	36.68	36.46	36.47	36.66	36.71	36.73	36.73
出水水温	34.98	35.18	35.21	35.16	35.04	34.79	34.71	35.12	35.14	35.13	35.21
温差	1.73	1.63	1.61	1.52	1.64	1.67	1.76	1.54	1.57	1.60	1.52

表 4-4　风速 3.8m/s 时水温变化　　　　（单位：℃）

时间/min	0	100	200	300	400	500	600	700	800	900	1000
进水水温	36.72	36.81	36.75	36.81	36.77	36.81	36.75	36.77	36.75	36.71	36.71
出水水温	35.21	35.20	35.15	35.14	35.08	35.11	35.15	35.16	35.15	35.13	35.13
温差	1.51	1.61	1.60	1.67	1.69	1.70	1.60	1.61	1.60	1.58	1.58

表 4-5　风速 4.5m/s 时水温变化　　　　（单位：℃）

时间/min	0	100	200	300	400	500	600	700	800	900	1000
进水水温	36.86	36.62	36.79	36.79	36.78	36.79	36.85	36.79	36.77	36.77	36.79
出水水温	35.49	35.28	35.34	35.35	35.35	35.34	35.28	35.33	35.32	35.28	35.26
温差	1.37	1.34	1.45	1.44	1.43	1.45	1.57	1.46	1.45	1.49	1.53

根据图 4-6 中坐标系中 r 与 y 之间的关系，将式（4-49）中积分变量 r 换成 y，并且用紊流平均速度 u_m 代替 u，能量方程变为

$$\frac{1}{r_0 - y}\frac{\mathrm{d}}{\mathrm{d}y}[(r_0 - y)q] = \rho c_p u_m \frac{\mathrm{d}t}{\mathrm{d}x} \tag{4-50}$$

在定热流条件下 $\dfrac{\mathrm{d}t}{\mathrm{d}x} = 2\dfrac{q_w}{r_0 \rho c_p u_m}$ 为常数，因此式（4-50）左边可作如下变化：

$$\frac{\mathrm{d}}{\mathrm{d}y}[(r_0 - y)q] = c_1(r_0 - y) \tag{4-51}$$

式中，c_1 为常数。边界条件为 $y = 0$，$q = q_w$；$y = r_0$，$q = 0$。

将式（4-51）积分，然后代入边界条件，可求出 q 为

$$q = q_w\left(1 - \frac{y}{r_0}\right) \tag{4-52}$$

考虑紊流脉动引起的传热量计算公式为

$$q = -\rho c_p(a + \varepsilon_h)\frac{\partial t}{\partial r} \tag{4-53}$$

将式（4-52）代入式（4-53），用 y 代替积分变量 r 有

$$q_w\left(1 - \frac{y}{r_0}\right) = -\rho c_p(a + \varepsilon_h)\frac{\mathrm{d}t}{\mathrm{d}y} \tag{4-54}$$

定义无量纲变量 $u^+ = \dfrac{u}{u^*}$，$y^+ = \dfrac{yu^*}{\nu}$，$r_0^+ = \dfrac{r_0 u^*}{\nu}$，$t^+ = \dfrac{t}{q_w/(\rho c_p u^*)}$，代入式（4-54）整理

$$1 - \frac{y^+}{r_0^+} = -\left(\frac{1}{Pr} + \frac{\varepsilon_m}{Pr_t \cdot \nu}\right)\frac{\mathrm{d}t^+}{\mathrm{d}y^+} \tag{4-55}$$

式中，$Pr_t = \dfrac{\varepsilon_m}{\varepsilon_h}$，为湍流普朗特数。湍流剪应力公式为

$$\frac{\tau_w}{\rho}\left(1 - \frac{y}{r_0}\right) = (\nu + \varepsilon_m)\frac{\mathrm{d}u}{\mathrm{d}y} \tag{4-56}$$

将前面定义的无量纲变量代入上式，可求出紊流动量扩散系数无量纲形式

$$\varepsilon_m = \nu\left(\frac{1 - y^+/r_0^+}{\mathrm{d}u^+/\mathrm{d}y^+} - 1\right) \tag{4-57}$$

关于 ε_h 与 ε_m 的关系，文献[93]曾进行过分析，对于空气类流体可认为 $\varepsilon_h = \varepsilon_m$，即 $Pr_t = 1$，这里也采用该等式，下面来分析巷道截面上三个分层的温度分布。

1）黏性底层

在黏性底层，紊流动量扩散率 ε_m 和紊流热扩散率 ε_h 均可忽略，即 $\varepsilon_h = \varepsilon_m = 0$，而且由于 y^+ 远远小于 r_0^+，那么可认为 $\dfrac{y^+}{r_0^+} \to 0$。基于上述假设，那么由式（4-55）可知：

$$\frac{dt^+}{dy^+} = -Pr \tag{4-58}$$

将式（4-58）代入无量纲温度 t^+ 定义式，代入空气普朗特值 $Pr = 0.71$，积分后可知该层温度分布为

$$t = -\frac{q_w}{\rho c_p} \frac{0.71 y^+}{\sqrt{\tau_w / \rho}} + t_w \tag{4-59}$$

当 $y^+ = 5$ 时，温度 t_5 为

$$t_5 - t_w = -\frac{3.55 q_w}{\rho c_p \sqrt{\tau_w / \rho}} \tag{4-60}$$

2）过渡层

过渡层由于仍然靠近壁面并且很薄，仍然可以认为 $\dfrac{y^+}{r_0^+} \to 0$。该层的边界为 $5 < y^+ < 30$，速度分布为 $\overline{u_x^+} = 4.9 \ln y^+ - 2.9$，可知 $\dfrac{du^+}{dy^+} = \dfrac{4.9}{y^+}$，代入式（4-57）有

$$\varepsilon_m = \nu \left(\frac{1 - y^+ / r_0^+}{4.9 / y^+} - 1 \right) \tag{4-61}$$

将式（4-61）代入式（4-55）有

$$1 = \left(\frac{1}{Pr} + \frac{y^+}{4.9} - 1 \right) \frac{dt^+}{dy^+} \tag{4-62a}$$

将式（4-56）积分

$$\int_{t_5}^{t} dt = -\frac{q_w}{\rho c_p \sqrt{\tau_w / \rho}} \int_5^{y^+} \frac{1}{\left(\dfrac{1}{Pr} + \dfrac{y^+}{4.9} - 1 \right)} dy^+ \tag{4-62b}$$

代入空气普朗特值 $Pr = 0.71$，可知该层内温度分布为

$$t = -\frac{4.9 q_w}{\rho c_p \sqrt{\tau_w / \rho}} \ln(0.142 y^+ + 0.29) + t_5 \tag{4-63}$$

那么当 $y^+ = 30$ 时，过渡层外边界温度为

$$t_{30} - t_5 = -\frac{4.9q_w}{\rho c_p \sqrt{\tau_w / \rho}} \ln(5.55) = -\frac{8.4q_w}{\rho c_p \sqrt{\tau_w / \rho}} \quad (4\text{-}64)$$

3）紊流层

在紊流核心层中，由于 $y^+ > 30$ 不断增加，因此 y^+ / r_0^+ 不能再忽略为零。速度分布为 $\overline{u_x^+} = 2.5\ln y^+ + 5.3$，$\dfrac{\mathrm{d}u^+}{\mathrm{d}y^+} = \dfrac{2.5}{y^+}$。

将式（4-55）整理有

$$\frac{\mathrm{d}t^+}{\mathrm{d}y^+} = -\frac{1 - \dfrac{y^+}{r_0^+}}{\dfrac{1}{Pr} + \dfrac{1}{Pr_t}\dfrac{\varepsilon_m}{\nu}} \quad (4\text{-}65\mathrm{a})$$

在紊流核心区，一般认为式（4-65a）中 $\dfrac{1}{Pr}$（分子扩散传递项）远小于 $\left(\dfrac{1}{Pr_t}\dfrac{\varepsilon_m}{\nu}\right)$（紊流传递项），那么式（4-65a）可变为

$$\frac{\mathrm{d}t^+}{\mathrm{d}y^+} = -\frac{1 - \dfrac{y^+}{r_0^+}}{\dfrac{1}{Pr_t}\dfrac{\varepsilon_m}{\nu}} \quad (4\text{-}65\mathrm{b})$$

由于 $Pr_t = 1$，下面还需要确定 $\dfrac{\varepsilon_m}{\nu}$，将 $\dfrac{\mathrm{d}u^+}{\mathrm{d}y^+} = \dfrac{2.5}{y^+}$ 代入式（4-57）

$$\varepsilon_m = \nu\left(\frac{1 - y^+ / r_0^+}{2.5/y^+} - 1\right) \quad (4\text{-}66\mathrm{a})$$

从式（4-66a）可知 ε_m / ν 为抛物线分布，当 $y^+ = r_0^+$ 时，即在管中心处 $\varepsilon_m / \nu = -1$，这明显与事实不符。主要是由于人为定义无量纲速度而引起的。那么将式（4-66a）中 -1 项略去后重新定义 ε_m / ν

$$\frac{\varepsilon_m}{\nu} = \frac{1 - y^+ / r_0^+}{2.5/y^+} \quad (4\text{-}66\mathrm{b})$$

将式（4-66b）代入式（4-65b）有

$$\frac{\mathrm{d}t^+}{\mathrm{d}y^+} = -\frac{1 - \dfrac{y^+}{r_0^+}}{\dfrac{1}{Pr_t}\dfrac{\varepsilon_m}{\nu}} = -\frac{2.5}{y^+} \quad (4\text{-}67)$$

对式（4-67）积分，可知该层无量纲温度分布为

$$t^+ = 2.5\ln y^+ + c' \quad (4\text{-}68)$$

那么可知管中心温度 t_c 为

$$t_c - t_{30} = -\frac{2.5q_w}{\rho c_p \sqrt{\tau_w / \rho}} \ln\left(\frac{r_0^+}{30}\right) \tag{4-69}$$

显然可知，式（4-60）、式（4-64）及式（4-69）可以完整地描述圆形巷道内风流紊流时温度场分布情况。

4.5.3　准则方程

将式（4-60）、式（4-64）及式（4-69）相加，可获得巷道壁面与巷道中心风流间温度差为

$$t_c - t_w = -\frac{3.55q_w}{\rho c_p \sqrt{\tau_w / \rho}} - \frac{8.4q_w}{\rho c_p \sqrt{\tau_w / \rho}} - \frac{2.5q_w}{\rho c_p \sqrt{\tau_w / \rho}} \ln\left(\frac{r_0^+}{30}\right) \tag{4-70a}$$

整理后有

$$t_c - t_w = -\frac{q_w}{\rho c_p \sqrt{\tau_w / \rho_w}} \left[11.95 + 2.5\ln\left(\frac{r_0^+}{30}\right)\right] \tag{4-70b}$$

式（4-70b）还可写成

$$t_c - t_w = -\frac{q_w}{\rho c_p \sqrt{\tau_w / \rho_w}} \left[11.95 + 2.5\ln\left(\frac{r_0 \sqrt{\tau_w / \rho}}{30\nu}\right)\right] \tag{4-70c}$$

巷道断面的平均温度计算公式为

$$t_m = \frac{1}{\pi r_0^2} \int_0^{r_0} t \frac{u}{u_m} 2\pi r \mathrm{d}r \tag{4-71}$$

将式（4-59）、式（4-63）及式（4-68）积分即可获得巷道内风流的平均温度，但计算过程非常烦琐，对于空气类流体，由于其 Pr 数接近等于 1，因此大都假设圆管内部温度分布与速度分布相同。

关于速度分布情况，布拉休斯曾在 1912 年通过试验获取如式（4-72a）所示 $\frac{1}{7}$ 指数公式：

$$\frac{u}{u_m} = \left(\frac{y}{r_0}\right)^{\frac{1}{7}} \tag{4-72a}$$

上式的适用范围为 $Re \leqslant 10^5$。威格哈特也曾提出过 $\frac{1}{10}$ 指数公式：

$$\frac{u}{u_m} = \left(\frac{y}{r_0}\right)^{\frac{1}{10}} \tag{4-72b}$$

上式的适用范围为 $Re \geqslant 10^5$。根据 4.4.1 节计算可知，煤矿巷道中风流均处于紊流状态，而且大都满足 $Re \geqslant 10^5$，因此在实际工程计算中选择威格哈特的 $\dfrac{1}{10}$ 指数公式。

则温度的分布规律为

$$\frac{t - t_{\mathrm{w}}}{t_{\mathrm{c}} - t_{\mathrm{w}}} = \left(\frac{y}{r_0}\right)^{\frac{1}{10}} \tag{4-73}$$

则由式（4-71）可知

$$\frac{t_{\mathrm{m}} - t_{\mathrm{w}}}{t_{\mathrm{c}} - t_{\mathrm{w}}} = \frac{2}{r_0^2} \int_0^{r_0} \frac{t - t_{\mathrm{w}}}{t_{\mathrm{c}} - t_{\mathrm{w}}} \frac{u}{u_{\mathrm{m}}} r \mathrm{d}r = \frac{2}{r_0^2} \int_0^{r_0} \left(\frac{y}{r_0}\right)^{1/5} r \mathrm{d}r = \frac{2}{r_0^2} \int_0^{r_0} \left(\frac{y}{r_0}\right)^{1/5} y \mathrm{d}y = 0.76 \tag{4-74}$$

定义恒热流条件下无量纲准数

$$St = \frac{h}{\rho c_{\mathrm{p}} u_{\mathrm{m}}} = \frac{\left(\dfrac{h R_0}{\lambda}\right)}{\left(\dfrac{\rho c_{\mathrm{p}} u_{\mathrm{m}}}{\mu}\right)\left(\dfrac{\mu c_{\mathrm{p}}}{\lambda}\right)} = \frac{Nu}{Re \cdot Pr} \tag{4-75}$$

将式（4-75）代入式（4-70c），整理后可知充分发展区的准则方程为

$$St = \frac{\sqrt{\tau_{\mathrm{w}}/\rho}}{0.76\left[11.95 + 2.5\ln\left(\dfrac{Re\sqrt{C_{\mathrm{f}}/2}}{60}\right)\right]} = \frac{\sqrt{C_{\mathrm{f}}/2}}{0.76\left[11.95 + 2.5\ln\left(\dfrac{Re\sqrt{C_{\mathrm{f}}/2}}{60}\right)\right]} \tag{4-76}$$

式中，C_{f} 为局部阻力系数。式（4-76）为圆形巷道湍流换热无量纲准则方程，适用范围为 $Re \geqslant 10^5$。

第5章 地下巷道壁面隔热分析

5.1 概 述

近几十年来，提高矿产产量对于满足世界人口和工业化迅速增长的需求至关重要，这意味着发展大深度采矿的必要性[94]。据报道，南非 AngloGold 公司的采矿深度超过3700m，矿井温度为55℃，此外，日本丰羽铅锌矿的工作面面温高达80℃，深度为500m。在中国，大约有47个采矿深度超过1000m的矿井，地下工作面的气温达到40℃。显然，越来越多的矿井面临着高温高湿的环境问题，这对工作人员的健康和井下劳动力的效率会产生负面影响[95]。所有深部高温矿井都在寻求成本低、效益高的方法，以提供安全的工作环境。

地下冷却系统有多种，包括全空气系统、空气-水系统和冰冷却系统，类似于民用建筑的空调系统[96,97]。冰冷却系统利用冰的潜热将地下气流的余热带走，采用峰谷电价政策，降低冷却成本[98]。由于整个气流被冷却，全空气系统存在着高能耗的关键问题。此外，由于空气冷却器体积大，全空气系统很少用于深层地下冷却，特别是在中国。因此，在深部开采中广泛采用气水系统和冰冷却系统进行冷却。然而，大约有25%的总电力用于冷却系统，这说明了冷却系统是一个大的能源消耗装置[99]。近年来，深部开采中降低冷却系统能耗的迫切要求得到了广泛的关注。例如，为了改善深层热环境，提出了基于高温交换机械系统的冷却技术。利用采掘过程中喷出的水作为冷源[100,101]，喷涌水的热量用于建筑冬季供暖和家庭使用。该系统贡献了30%的性能提升和20%的能效提升[102,103]。

针对降低水需求和电力成本的目标，提出了一种新的方法，将水网系统的总成本最小化。一个典型的深部矿井的运行结果表明，相应的运营成本节约13%。基于需求侧管理的变速驱动技术在经济上是可行的，可以提高能源效率。模拟结果表明，通过实施所提出的节能技术，可以使总用电量减少 33%[104]。采用高精度模型模拟，将总功耗作为一个参数或系统的任何参数变化的组合进行整体考虑，模拟矿冷综合系统的热水力性能随能耗的变化[105,106]。在这些案例中，减少热流措施通常集中于优化冷却系统的效率和通过使用现有系统的改进来降低运行成本。众所周知，节能对住宅建筑也越来越重要。在建筑围护结构中使用隔热材料可以减少墙体和屋顶的传热。冷却/加热负载大幅降低，从而降低了空调系统的初始和运行成本[107-109]。由此可见，利用建筑的被动节能技术降低深井冷却系统的能耗是有价值的。

南非深部金矿的冷却能力通常为 30 MW，冷却系统消耗了超过20%的矿电供应[110]。此外，平顶山第四煤矿的制冷量为 7.1 MW，冷却系统的初始投资和年用电费分别为

630 万美元和 7.2 万美元[111]。由此可见，降低矿井冷却系统的冷负荷应得到更多的重视。隧道岩石的传热占总热负荷的 75%以上[112]，这意味着它是深部矿井最重要的热负荷[113]。研究表明，在深隧道表面应用隔热材料可以起到很好的减热效果。采用在隧道表面铺设保温层的方法，明显降低了冷却负荷，降低了冷却系统运行成本[114]。

　　虽然有许多研究者研究了保温对深埋地下隧道的影响，但没有给出带保温层的圆柱形隧道的导热确切解，而且保温对热流减小的影响研究较少。为了准确地论证保温对深埋地下隧道热流变化的影响，有必要进一步探讨这一问题。本章的主要目的是求解保温层隧道的热传导方程。在此基础上，研究了热渗透深度随时间的变化规律，确定了热传导的外边界。并与未保温隧道的岩石温度场进行了比较。最后研究了保温层厚度、保温层导热系数、岩石导热系数、等效隧道半径和对流换热系数对热流减小的影响。

5.2　稳态热阻及热流密度

　　为了研究铺设隔热层后对高温巷道的隔热效果，首先分析铺设不同厚度隔热层后巷道与风流间热阻变化[115]。巷道型传热问题主要包括两部分热阻：固体（围岩及隔热层）热阻和对流换热热阻。壁面与风流之间对流换热热阻可用式（5-1）进行描述：

$$R = \frac{1}{\pi d_0 h} + \sum_{i=1}^{n} \frac{1}{2\pi \lambda_i} \ln \frac{d_{i+1}}{d_i} \tag{5-1}$$

　　巷道围岩或其与隔热层组合体与风流间换热热流密度可用下式计算：

$$q = \frac{t_{w0} - t_f}{\dfrac{1}{\pi d_0 h} + \sum_{i=1}^{n} \dfrac{1}{2\pi \lambda_i} \ln \dfrac{d_{i+1}}{d_i}} \tag{5-2}$$

5.2.1　单隔热层

　　计算时，假设扰动半径在铺设隔热材料前后不发生变化，假定巷道直径为 2m，扰动后巷道围岩直径 4m，围岩导热系数 1.5W/（m·K），隔热材料导热系数 0.1 W/（m·K）。图 5-1 为该条件下围岩与隔热材料组合体的热阻及其与风流间传热热流密度随隔热层厚度的变化，不难发现：

　　（1）围岩与隔热层组合体的热阻与隔热层铺设厚度呈线性变化，随着铺设厚度增加热阻迅速增加，如铺设厚度为 0.01m 时热阻为 0.10（m²·K）/W，铺设厚度为 0.06m 时热阻增加到 0.18（m²·K）/W。

　　（2）同时其与风流间换热强度却不断降低，从铺设厚度为 0.01m 时的 200 W/m² 下降到铺设厚度为 0.06m 时的 110W/m²。

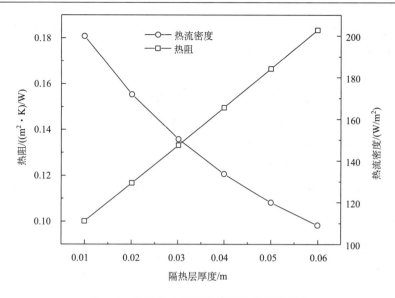

图 5-1　热阻及热流密度随隔热层厚度变化

（3）从直径为 2m 的巷道来说，单位长度巷道与风流间传递的热量降低 90W，降幅为 45%。从机械制冷降温角度考虑，热负荷即可降低约 45%，大大节省运行费用。

图 5-2 为铺设隔热层前后，围岩或其与隔热层组合体的热阻、热流密度随对流换热系数的变化曲线，可知：

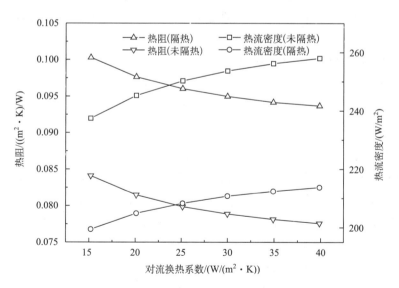

图 5-2　热阻及热流密度随对流换热系数变化

（1）无论是否铺设隔热材料，围岩体（或与隔热层组合体）与风流间传热热阻均随着对流换热系数增加而变小。比如未铺隔热层时，对流换热系数为 15 W/（m²·K）时换热热阻为 0.084（m²·K）/W，对流换热系数为 40 W/（m²·K）时换热热阻为 0.078（m²·K）/W，热阻降幅约为 7.1%；铺设厚度为 0.01m 隔热层后，对流换热系数为 15 W/（$m^2 \cdot K$）时换热热阻为 0.100（$m^2 \cdot K$）/W，对流换热系数为 40 W/（$m^2 \cdot K$）时换热热阻为 0.094（$m^2 \cdot K$）/W，热阻降幅约为 6.0%。

（2）随着对流换热系数增加，围岩体（或与隔热层组合体）与风流间传热的热流密度增大。比如未铺隔热层时，对流换热系数为 15 W/（$m^2 \cdot K$）时热流密度为 237.7 W/m^2，对流换热系数为 40 W/（$m^2 \cdot K$）时热流密度为 258.0 W/m^2，热流密度增幅约为 8.5%；铺设厚度为 0.01m 隔热层后，对流换热系数为 15 W/（$m^2 \cdot K$）时热流密度为 199.5 W/m^2，对流换热系数为 40 W/（$m^2 \cdot K$）时热流密度为 213.8 W/m^2，热流密度增幅约为 7.2%。

5.2.2　双隔热层

上一节分析的是铺设单层隔热层时热阻及热流密度变化情况，本节将考虑铺设两层隔热材料时热阻及热流密度变化，主要考虑原因是导热系数越低的隔热材料成本越高，实际工程应用中可以考虑用两种导热系数的材料组合，可以降低巷道壁面隔热层的铺设厚度，增加巷道的净空间。

图 5-3 为铺设双隔热层时巷道与隔热层组合体的热阻及其与风流间传热热流密度随铺设厚度的变化情况，其中双隔热层材料的导热系数分别为 0.1W/（m·K）和 0.05W/（m·K）。图 5-3（a）的铺设方式为高导热系数材料（λ_1=0.1 W/（m·K））铺设在外层，低导热系数材料（λ_2=0.05 W/（m·K））铺设在内层，图 5-3（b）铺设方式则为低导热系数材料（λ_2=0.05 W/（m·K））铺设在外层，高导热系数材料（λ_1=0.1 W/（m·K））铺设在内层[116-118]。分析发现：

（1）无论是何种铺设方式，热阻与铺设厚度间仍然呈线性关系，与铺设单层隔热材料时变换趋势是一致的。

（2）巷道与隔热层组合体的热阻受导热系数小的材料铺设厚度影响更大。如图 5-3（a）所示，当固定高导热系数材料厚度 δ_1 为 0.01m、低导热系数材料铺设厚度 δ_2 从 0.01m 增加到 0.06m 时，其热阻变化要比固定 δ_2=0.01m、δ_1 从 0.01m 增加到 0.06m 的大，而且这种差距随着材料铺设总厚度的增加而不断增加。比如 δ_1=0.01m、δ_2=0.02m 时热阻为 0.165（$m^2 \cdot K$）/W，δ_2=0.01m、δ_1=0.02m 时热阻为 0.149（$m^2 \cdot K$）/W；当 δ_1=0.01m、δ_2=0.06m 时热阻为 0.300（$m^2 \cdot K$）/W，δ_2=0.01m、δ_1=0.06m 时热阻为 0.217（$m^2 \cdot K$）/W。

（3）巷道与风流换热热流密度降幅明显。如图 5-3（b）所示，铺设材料厚度 δ_1=0.01m、δ_2=0.01m 时热流密度为 150.7W/m^2，当铺设厚度 δ_1=0.01m、δ_2=0.06m 和 δ_1=0.06m、δ_2=0.01m 时热流密度分别为 66.9W/m^2 和 92.4 W/m^2，降低幅度分别达 55.6%和 38.7%。

（4）不同导热系数材料铺设方式对传热热阻及热流密度基本无影响。图 5-3（a）中 δ_1=0.01m、δ_2=0.06m 和 δ_1=0.06m、δ_2=0.01m 时热阻、热流密度分别为 0.300（$m^2 \cdot K$）/W、66.7 W/m^2 和 0.217（$m^2 \cdot K$）/W、92.0 W/m^2，与图 5-3（b）中同等条件铺设时热阻、热流密度值 0.299（$m^2 \cdot K$）/W、66.9 W/m^2 和 0.216（$m^2 \cdot K$）/W、92.4 W/m^2 基本相同。

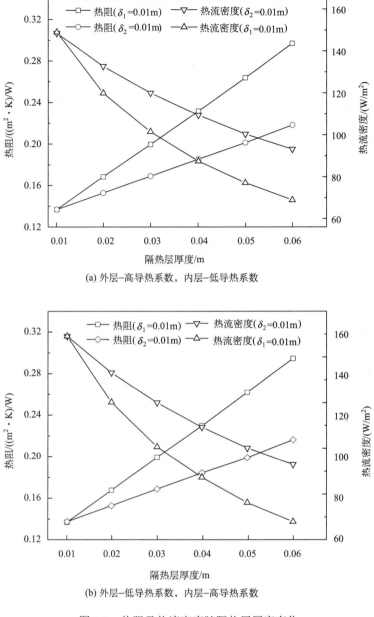

(a) 外层–高导热系数，内层–低导热系数

(b) 外层–低导热系数，内层–高导热系数

图 5-3　热阻及热流密度随隔热层厚度变化

（5）无论是何种铺设方式，巷道与隔热层组合体的热阻均比单层时显著增加，例如图 5-3（a）中，铺设材料 $\delta_1=0.01$m、$\delta_2=0.05$m 时热阻为 0.266（$m^2\cdot K$）/W，$\delta_1=0.05$m、$\delta_2=0.01$m 时热阻为 0.200（$m^2\cdot K$）/W，而铺设单层时热阻仅为 0.182（$m^2\cdot K$）/W。

得到巷道与隔热层组合体传热热阻及热流密度随铺设厚度变化后，下面分析两个参数随对流换热系数的变化情况。图 5-4 所示为铺设方式与图 5-3（a）相同时，传热热阻与热流密度在不同对流换热系数时的变化情况。不难发现：

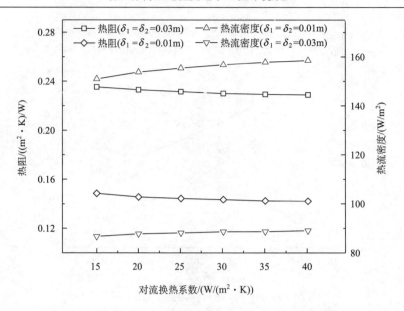

图 5-4　热阻及热流密度随对流换热系数变化

（1）随着壁面与风流对流换热系数增加，围岩与隔热层组合体热阻均呈现不同程度降低，热流密度也呈现不同程度升高，与铺设单隔热层时趋势一致。

（2）铺设隔热层厚度越大，对流换热系数 h 对热阻的影响越小。虽然对流换热系数对热阻仍有影响，但铺设隔热层后，在对流换热系数不变的同等前提下，导热热阻已经占主导，故对流换热系数对总传热热阻影响降低，热阻变化率较未铺设及铺设单层时也大幅降低。比如图 5-2 中未铺设隔热材料时，对流换热系数 $h=15$ W/（m^2·K）时热阻为 0.085（m^2·K）/W，当 $h=40$ W/（m^2·K）时热阻为 0.077（m^2·K）/W，降幅约为 9.4%；铺设 0.01m 隔热材料，$h=15$ W/（m^2·K）时热阻为 0.100（m^2·K）/W，当 $h=40$ W/（m^2·K）时热阻为 0.095（m^2·K）/W，降幅约为 5%；图 5-4 中双隔热层厚度 $\delta_1=\delta_2=0.01$m，$h=15$ W/（m^2·K）时热阻为 0.133（m^2·K）/W，当 $h=40$ W/（m^2·K）时热阻为 0.126（m^2·K）/W，降幅约为 5.3%；当双隔热层厚度 $\delta_1=\delta_2=0.03$m 时，$h=15$ W/（m^2·K）时热阻为 0.233（m^2·K）/W，当 $h=40$ W/（m^2·K）时热阻为 0.226（m^2·K）/W，降幅约为 3.1%。

（3）隔热层铺设厚度增加后，围岩与风流间传热热流密度受对流换热系数影响也逐渐降低，根本原因是热阻变化受对流换热系数影响降低。比如图 5-2 中单隔热层厚度为 0.01m 时，$h=15$ W/（m^2·K）时热流密度为 237.7 W/m^2，当 $h=40$ W/（m^2·K）时热流密度为 257.8 W/m^2，增幅约为 8.5%；图 5-4 中双隔热层厚度 $\delta_1=\delta_2=0.01$m 时，$h=15$ W/（m^2·K）时热流密度为 150.7 W/m^2，当 $h=40$ W/（m^2·K）时热流密度为 158.8 W/m^2，增幅约为 5.4%；双隔热层厚度 $\delta_1=\delta_2=0.03$m 时，$h=15$ W/（m^2·K）时热流密度为 85.7 W/m^2，当 $h=40$ W/（m^2·K）时热流密度为 88.4W/m^2，增幅仅为 3.2%。

（4）从隔热效果看，同等条件时相同铺设厚度下双隔热层要优于单隔热层。图 5-1

中单隔热层厚度为 0.06m、h=15 W/（m²·K）时热流密度为 109 W/m²，图 5-4 中 $\delta_1=\delta_2$= 0.03m、总厚度为 0.06m、h=15 W/（m²·K）时热流密度仅为 85W/m²。

　　上述对于巷道围岩或其与隔热层组合体的传热热阻及热流密度分析可以看出，铺设隔热层后可以增加传热热阻，同时围岩与风流间传热热流密度降低，随着隔热层铺设厚度的不断增加，热阻呈线性增加趋势，热流密度呈双曲线形降低；此外，双隔热层时（导热系数分别为 λ_1=0.1W/（m·K），λ_2=0.05 W/（m·K））要优于单独采用 λ_1=0.1 W/（m·K）材料的隔热效果。下面从巷道内部风流温度沿轴向长度的变化情况继续说明隔热效果与不同参数间的变化关系，为了获得风流温度分布，首先建立传热及流动的数学模型。

5.3　非稳态全断面隔热分析

5.3.1　控制方程

　　考虑到井下巷道形状大小各不相同，而且围岩导热和围岩与风流间的传热规律十分复杂，计算也异常烦琐，所以要从理论上研究巷道围岩温度分布，在建立温度场数学模型之前必须建立合适的物理模型。完全隔热时巷道物理模型见图 5-5。

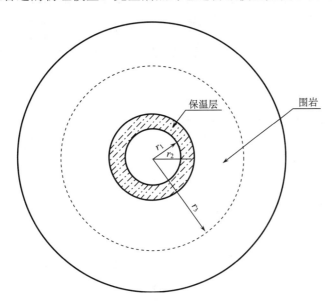

图 5-5　完全隔热时巷道物理模型

　　（1）假设巷道断面是圆形，巷道壁面干燥；

　　（2）巷道围岩是均质的，各向同性，热物理性质稳定，导热系数各向同性；

　　（3）巷道开挖前，其所在岩体的温度均匀一致，并且等于该处的原岩温度；

　　（4）巷道壁面圆周方向上各处热交换条件一样，同一截面上风流温度均匀，进风流温度恒定。

用一维圆柱传热模型描述巷道围岩、隔热层的热传导。导热控制方程及初始、边界条件如下：

$$\frac{\partial T_i}{\partial t} = \alpha_i \left(\frac{\partial^2 T_i}{\partial r^2} + \frac{1}{r} \frac{\partial T_i}{\partial r} \right) \tag{5-3}$$

式中，t 为时间；T_i 为隔热层或围岩的温度；α_i 为隔热层或围岩的热扩散系数，$i=1$ 表示保温隔热层，$i=2$ 表示围岩。$T_i = T_i(r,t)$ 为径向 r 处及 t 时刻的温度（℃）。

初始条件：

$$\begin{cases} T_1(r,0) = T_0 \\ T_2(r,0) = T_0 \end{cases} \tag{5-4}$$

边界条件：

$$\begin{cases} r = r_3 : T_2(r_3,t) = T_0 \\ r = r_1 : k_1 \dfrac{\partial T_1}{\partial r} = h(T_1 - T_a) \end{cases} \tag{5-5}$$

隔热层与围岩的接触热阻较小，可忽略不计。接触边界条件如下：

$$r = r_2 : \begin{cases} T_1(r_2,t) = T_2(r_2,t) \\ k_1 \dfrac{\partial T_1(r_2,t)}{\partial r} = k_2 \dfrac{\partial T_2(r_2,t)}{\partial r} \end{cases} \tag{5-6}$$

式中，T_a 为风流进口温度；T_0 为原始岩温；r_1, r_2, r_3 分别为巷道内径、隔热层外半径、围岩边界半径；k_1, k_2 分别为隔热层导热系数和围岩导热系数。

5.3.2 方程求解

一般如下：

$$\begin{cases} T_1(r,t) = T_1^{(1)} + T_1^{(2)} \\ T_2(r,t) = T_2^{(1)} + T_2^{(2)} \end{cases} \tag{5-7}$$

$T_1^{(1)}$ 和 $T_2^{(1)}$ 为非稳态解，$T_1^{(2)}$ 和 $T_2^{(2)}$ 为稳态解且只与巷道半径有关，且满足下列方程：

$$\frac{\partial^2 T_2^{(2)}}{\partial r^2} + \frac{1}{r} \frac{\partial T_2^{(2)}}{\partial r} = 0 \tag{5-8}$$

边界条件：

$$T_2^{(2)}(r_3,t) = T_0 \tag{5-9}$$

$$\frac{\partial^2 T_1^{(2)}}{\partial r^2} + \frac{1}{r} \frac{\partial T_1^{(2)}}{\partial r} = 0 \tag{5-10}$$

接触条件：

$$r = r_1 : k_1 \frac{\partial T_1^{(2)}}{\partial r} = h\left(T_1^{(2)} - T_a\right) \tag{5-11a}$$

$$r = r_2 : \begin{cases} T_1^{(2)}\left(r_2, t\right) = T_2^{(2)}\left(r_2, t\right) \\ k_1 \dfrac{\partial T_1^{(2)}\left(r_2, t\right)}{\partial r} = k_2 \dfrac{\partial T_2^{(2)}\left(r_2, t\right)}{\partial r} \end{cases} \tag{5-11b}$$

式（5-8）和式（5-10）的通解为

$$T_1^{(2)}(r) = C_1 \ln r + D_1 \tag{5-12}$$

$$T_2^{(2)}(r) = C_2 \ln r + D_2 \tag{5-13}$$

将边界条件式（5-9）代入式（5-12）中，接触条件式（5-11a）、式（5-11b）代入式（5-13），得

$$\begin{cases} k_1 \dfrac{C_1}{r_1} = h(C_1 \ln r_1 - T_a + D_1) \\ C_2 \ln r_3 + D_2 = T_0 \\ C_1 \ln r_2 + D_1 = C_2 \ln r_2 + D_2 \\ \dfrac{k_1 C_1}{r_2} = \dfrac{k_2 C_2}{r_2} \end{cases} \tag{5-14}$$

未知系数 C_1, C_2, D_1, D_2 可被表示为

$$\begin{cases} D_1 = \dfrac{k_1}{h r_1} C_1 - (C_1 \ln r_1 - T_a) \\ D_2 = T_0 - \dfrac{k_1}{k_2} C_1 \ln r_3 \\ C_1 \left[\ln r_2 + \dfrac{k_1}{h r_1} - \ln r_1 - \dfrac{k_1}{k_2} (\ln r_2 - \ln r_3) \right] = T_0 - T_a \\ C_2 = \dfrac{k_1}{k_2} C_1 \end{cases} \tag{5-15}$$

$T_1^{(1)}$ 和 $T_2^{(1)}$ 满足方程（5-3），联立式（5-6）和下面的边界条件：

$$\begin{cases} T_2^{(1)}\left(r_3, t\right) = T_0 \\ k_1 \dfrac{\partial T_1^{(1)}}{\partial r} \Big|_{r = r_1} = h T_1^{(1)} \Big|_{r = r_1} \end{cases} \tag{5-16}$$

同时，初始条件变为

$$\begin{cases} T_1^{(1)}(r, 0) = T_0 - T_1^{(2)}(r) \\ T_2^{(1)}(r, 0) = T_0 - T_2^{(2)}(r) \end{cases} \tag{5-17}$$

控制方程（5-3）化为标准形式来求解非稳态解 $T_1^{(1)}$ 和 $T_2^{(1)}$。

$$\frac{1}{\alpha}\frac{\partial T}{\partial t} = \left(\frac{\partial^2 T}{\partial r^2} + \frac{1}{r}\frac{\partial T}{\partial r}\right) \tag{5-18}$$

使用分离变量法可以获得非稳态解[119]，设方程解为 $T(r,t) = R(r)\Gamma(t)$，得微分方程为

$$\Gamma'(t) + \alpha\beta^2\Gamma(t) = 0 \tag{5-19}$$

$$r^2 R''(r) + r R'(r) + \beta^2 r^2 R(r) = 0 \tag{5-20}$$

式中，β^2 为分离常数，为了满足边界条件和物理意义，$\beta^2 > 0$，式（5-19）的解为

$$\Gamma(t) = \exp(-\alpha\beta^2 t) \tag{5-21}$$

式（5-20）的一般解为

$$R(r) = A_1 J_0(\beta r) + B_1 Y_0(\beta r) \tag{5-22}$$

非稳态解 $T_1^{(1)}$ 和 $T_2^{(1)}$ 的一般形式为

$$T_i^{(1)}(r,t) = \sum_{n=1}^{\infty}\left[A_{in}J_0(\beta_{in}r) + B_{in}Y_0(\beta_{in}r)\right]\cdot\exp(-\alpha_i\beta_{in}t) \tag{5-23}$$

式（5-23）的通解满足控制方程（5-3），边界条件和初始条件也应该满足。首先，我们先解决接触条件

$$\alpha_1\beta_{1n}^2 = \alpha_2\beta_{2n}^2 = \beta_n \tag{5-24}$$

将式（5-24）代入式（5-23），得

$$T_i^{(1)}(r,t) = \sum_{n=1}^{\infty}\left[A_{in}J_0\left(\frac{\beta_n}{\sqrt{\alpha_i}}r\right) + B_{in}Y_0\left(\frac{\beta_n}{\sqrt{\alpha_i}}r\right)\right]\cdot\exp(-\beta_n^2 t) \tag{5-25}$$

因此，由式（5-25）可写出围岩和隔热层的温度场解析公式：

$$T_1^{(1)}(r,t) = \sum_{n=1}^{\infty} A_{1n}\left[J_0\left(\frac{\beta_n}{\sqrt{\alpha_1}}r\right) + \frac{B_{1n}}{A_{1n}}Y_0\left(\frac{\beta_n}{\sqrt{\alpha_1}}r\right)\right]\cdot\exp(-\beta_n^2 t) \tag{5-26}$$

$$T_2^{(1)}(r,t) = \sum_{n=1}^{\infty} A_{1n}\left[\frac{A_{2n}}{A_{1n}}J_0\left(\frac{\beta_n}{\sqrt{\alpha_2}}r\right) + \frac{B_{2n}}{A_{1n}}Y_0\left(\frac{\beta_n}{\sqrt{\alpha_2}}r\right)\right]\cdot\exp(-\beta_n^2 t) \tag{5-27}$$

5.3.3　待定系数

通过边界条件计算待定系数：

$$r = r_3 \text{时，} \quad A_{2n}J_0\left(\frac{\beta_n}{\sqrt{\alpha_2}}r_3\right) + B_{2n}Y_0\left(\frac{\beta_n}{\sqrt{\alpha_2}}r_3\right) = 0 \tag{5-28}$$

$r = r_2$ 时，$J_0\left(\dfrac{\beta_n}{\sqrt{\alpha_1}}r_2\right) + B_{1n}Y_0\left(\dfrac{\beta_n}{\sqrt{\alpha_1}}r_2\right) = A_{2n}J_0\left(\dfrac{\beta_n}{\sqrt{\alpha_2}}r_2\right) + B_{2n}Y_0\left(\dfrac{\beta_n}{\sqrt{\alpha_2}}r_2\right)$　　（5-29）

用贝塞尔函数求解接触边界条件：

$$\frac{\partial T_1^{(1)}(r,t)}{\partial r} = -\sum_{n=1}^{\infty} A_{1n} \cdot \exp(-\beta_n^2 t)\frac{\beta_n}{\sqrt{\alpha_1}}\left[J_1\left(\frac{\beta_n}{\sqrt{\alpha_1}}r\right) + B_{1n}Y_1\left(\frac{\beta_n}{\sqrt{\alpha_1}}r\right)\right] \quad （5\text{-}30）$$

$$\frac{\partial T_2^{(1)}(r,t)}{\partial r} = -\sum_{n=1}^{\infty} A_{1n} \cdot \exp(-\beta_n^2 t)\frac{\beta_n}{\sqrt{\alpha_2}}\left[A_{2n}J_1\left(\frac{\beta_n}{\sqrt{\alpha_2}}r\right) + B_{2n}Y_1\left(\frac{\beta_n}{\sqrt{\alpha_1}}r\right)\right] \quad （5\text{-}31）$$

$r=r_1$ 的接触边界条件转化为

$$-k_1\frac{\beta_n}{\sqrt{\alpha_1}}J_1\left(\frac{\beta_n}{\sqrt{\alpha_1}}r\right) - hJ_0\left(\frac{\beta_n}{\sqrt{\alpha_1}}r_1\right) = B_{1n}\left[hY_0\left(\frac{\beta_n}{\sqrt{\alpha_1}}r_1\right) + k_1\frac{\beta_n}{\sqrt{\alpha_1}}Y_1\left(\frac{\beta_n}{\sqrt{\alpha_1}}r\right)\right] \quad （5\text{-}32）$$

此外，$r=r_2$ 和 $r=r_3$ 的接触边界条件转化为

$$\begin{cases} A_{2n}J_0\left(\dfrac{\beta_n}{\sqrt{\alpha_2}}r_3\right) + B_{2n}Y_0\left(\dfrac{\beta_n}{\sqrt{\alpha_2}}r_3\right) = 0 \\[3mm] A_{2n}J_0\left(\dfrac{\beta_n}{\sqrt{\alpha_2}}r_2\right) + B_{2n}Y_0\left(\dfrac{\beta_n}{\sqrt{\alpha_2}}r_2\right) = J_0\left(\dfrac{\beta_n}{\sqrt{\alpha_1}}r_2\right) + B_{1n}Y_0\left(\dfrac{\beta_n}{\sqrt{\alpha_1}}r_2\right) \end{cases} \quad （5\text{-}33）$$

用矩阵替代方程（5-33）得

$$\begin{bmatrix} J_0\left(\dfrac{\beta_n}{\sqrt{\alpha_2}}r_3\right) & Y_0\left(\dfrac{\beta_n}{\sqrt{\alpha_2}}r_3\right) \\[3mm] J_0\left(\dfrac{\beta_n}{\sqrt{\alpha_2}}r_2\right) & Y_0\left(\dfrac{\beta_n}{\sqrt{\alpha_2}}r_2\right) \end{bmatrix}\begin{bmatrix} A_{2n} \\[2mm] B_{2n} \end{bmatrix} = \begin{bmatrix} 0 \\[2mm] J_0\left(\dfrac{\beta_n}{\sqrt{\alpha_1}}r_2\right) + B_{1n}Y_0\left(\dfrac{\beta_n}{\sqrt{\alpha_1}}r_2\right) \end{bmatrix} \quad （5\text{-}34）$$

计算待定系数 A_{2n}，B_{2n}：

$$\begin{bmatrix} A_{2n} \\[2mm] B_{2n} \end{bmatrix} = \begin{bmatrix} J_0\left(\dfrac{\beta_n}{\sqrt{\alpha_2}}r_3\right) & Y_0\left(\dfrac{\beta_n}{\sqrt{\alpha_2}}r_3\right) \\[3mm] J_0\left(\dfrac{\beta_n}{\sqrt{\alpha_2}}r_2\right) & Y_0\left(\dfrac{\beta_n}{\sqrt{\alpha_2}}r_2\right) \end{bmatrix}^{-1}\begin{bmatrix} 0 \\[2mm] J_0\left(\dfrac{\beta_n}{\sqrt{\alpha_1}}r_2\right) + B_{1n}Y_0\left(\dfrac{\beta_n}{\sqrt{\alpha_1}}r_2\right) \end{bmatrix} \quad （5\text{-}35）$$

由接触边界条件式（5-6）得

$$\frac{k_1}{\sqrt{\alpha_1}}\left[J_1\left(\frac{\beta_n}{\sqrt{\alpha_1}}r_2\right) + B_{1n}Y_1\left(\frac{\beta_n}{\sqrt{\alpha_1}}r_2\right)\right] = \frac{k_2}{\sqrt{\alpha_2}}\left[A_{2n}J_1\left(\frac{\beta_n}{\sqrt{\alpha_2}}r_2\right) + B_{2n}Y_1\left(\frac{\beta_n}{\sqrt{\alpha_2}}r_2\right)\right] \quad （5\text{-}36）$$

由此，得到特征方程：

$$F(\beta_n) = \frac{k_1}{\sqrt{\alpha_1}} \cdot \begin{bmatrix} 1 & B_{1n} \end{bmatrix} \cdot \begin{bmatrix} J_1\left(\dfrac{\beta_n}{\sqrt{\alpha_1}} r_2\right) \\ Y_1\left(\dfrac{\beta_n}{\sqrt{\alpha_1}} r_2\right) \end{bmatrix} - \frac{k_2}{\sqrt{\alpha_2}} \cdot \begin{bmatrix} A_{2n} & B_{2n} \end{bmatrix} \cdot \begin{bmatrix} J_1\left(\dfrac{\beta_n}{\sqrt{\alpha_2}} r_2\right) \\ Y_1\left(\dfrac{\beta_n}{\sqrt{\alpha_2}} r_2\right) \end{bmatrix} = 0 \quad (5\text{-}37)$$

特征方程（5-37）是一个超越方程，只能通过数值计算方法来解决。特征值由小到大为 $\beta_1 < \beta_2 < \beta_3 < \cdots$，前 10 个特征值见表 5-1，初始条件、边界条件见表 5-2。通过比较不同特征值计算的结果研究级数解的收敛性，用 500 个特征值的计算结果与用 100 个、50 个、30 个特征值的计算结果的差异几乎为 0，计算最大差值分别为 1.03×10^{-13}、1.07×10^{-13}、1.01×10^{-7}。计算结果如图 5-6 所示，用 500 个特征值和用 15 个特征值计算差值波动最大为 8.7×10^{-3}，因此，在接下来的求解中取 30 个特征值来进行计算。

表 5-1　前 10 个特征值

β_1	β_2	β_3	β_4	β_5
1.0982×10^{-4}	2.3394×10^{-4}	3.5816×10^{-4}	4.8271×10^{-4}	6.0770×10^{-4}
β_6	β_7	β_8	β_9	β_{10}
7.3312×10^{-4}	8.5895×10^{-4}	9.8513×10^{-4}	1.1116×10^{-3}	1.2384×10^{-3}

表 5-2　计算参数

参数	取值
围岩温度，T_0	35 ℃
围岩导热系数，k_1	2.4 W/（m·K）
岩石热扩散率，α_1	1.3×10^{-6} m²/s
巷道半径，r_1	2 m
对流换热系数，h	20 W/（m²·K）
进气气流温度，T_a	20 ℃
隔热层导热系数，k_2	0.1 W/（m·K）
隔热层热扩散率，α_2	0.4×10^{-6} m²/s
围岩外边界半径，r_3	30 m
隔热层厚度，δ	0.1 m

得到特征值后，计算得到超越方程的根 β_n，则 B_{1n}，A_{2n}，B_{2n} 很容易得到，最后处理系数 A_{1n}。由初始条件得

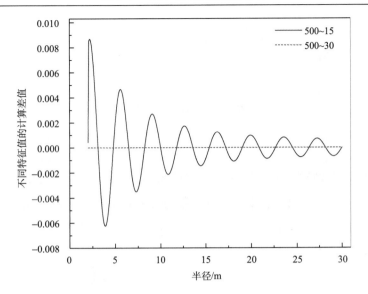

图 5-6　级数解的收敛性

$$\begin{cases} T_1^{(1)}(r,0) = T_0 - T_1^{(2)}(r) \\ T_2^{(1)}(r,0) = T_0 - T_2^{(2)}(r) \end{cases} \tag{5-38}$$

式中，$T_1^{(2)}(r) = C_1 \ln r + D_1$，$T_2^{(2)}(r) = C_2 \ln r + D_2$。当 $t=0$ 时，式（5-38）变为

$$\begin{cases} T_1^{(1)}(r,0) = \sum_{n=1}^{\infty} A_{1n}\left[J_0\left(\frac{\beta_n}{\sqrt{\alpha_1}}r\right) + B_{1n}Y_0\left(\frac{\beta_n}{\sqrt{\alpha_1}}r\right) \right] = \sum_{n=1}^{\infty} A_{1n}\phi_{1n}(r) \\ T_2^{(1)}(r,0) = \sum_{n=1}^{\infty} A_{1n}\left[A_{2n}J_0\left(\frac{\beta_n}{\sqrt{\alpha_2}}r\right) + B_{2n}Y_0\left(\frac{\beta_n}{\sqrt{\alpha_2}}r\right) \right] = \sum_{n=1}^{\infty} A_{1n}\phi_{2n}(r) \end{cases} \tag{5-39}$$

这是一个正交关系表达式。

$$\sum_{i=1}^{2} \frac{k_i}{\alpha_i} \int_{r_i}^{r_{i+1}} r\left[J_0\left(\frac{\beta_n}{\sqrt{\alpha_1}}r\right) + B_{1n}Y_0\left(\frac{\beta_n}{\sqrt{\alpha_1}}r\right) \right]\left[A_{2n}J_0\left(\frac{\beta_n}{\sqrt{\alpha_2}}r\right) + B_{2n}Y_0\left(\frac{\beta_n}{\sqrt{\alpha_2}}r\right) \right] dr = \begin{cases} 0 & m \neq n \\ N_n & m = n \end{cases}$$

$$\tag{5-40}$$

式中，$N_n = \sum_{i=1}^{2} \frac{k_i}{\alpha_i} \int_{r_i}^{r_{i+1}} r\phi_{in}^2(r)dr$。由式（5-40）得

$$\frac{k_1}{\alpha_1} \int_{r_1}^{r_2} T_1^{(1)}(r,0)\cdot r\cdot \phi_{1n}(r)dr + \frac{k_2}{\alpha_2} \int_{r_2}^{r_3} T_2^{(1)}(r,0)\cdot r\cdot \phi_{2n}(r)dr$$

$$= A_{1n}\left[\frac{k_1}{\alpha_1} \int_{r_1}^{r_2} r\cdot \phi_{1n}^2(r)dr + \frac{k_2}{\alpha_2} \int_{r_2}^{r_3} r\cdot \phi_{2n}^2(r)dr \right] \tag{5-41}$$

计算得 A_{1n}

$$A_{1n} = \frac{1}{N_n} \left[\frac{k_1}{\alpha_1} \int_{r_1}^{r_2} T_1^{(1)}(r,0) \cdot r \cdot \phi_{1n}(r) \mathrm{d}r + \frac{k_2}{\alpha_2} \int_{r_2}^{r_3} T_2^{(1)}(r,0) \cdot r \cdot \phi_{2n}(r) \mathrm{d}r \right] \quad （5\text{-}42）$$

5.4　巷道全断面隔热效果分析

5.4.1　结果验证

利用 ANSYS 软件对式（5-27）隔热层的温度场和式（5-28）围岩温度场的解析解进行验证。计算参数见表 5-2，隔热层导热系数 k_2=0.1W/（m·K），隔热层厚度 0.1m，围岩外边界半径 r_3=30m，是巷道半径 r_1=2m 的 15 倍。

铺设隔热层时，在 10 天（$Fo=\alpha_1 t/r_1^2$=0.28）、1 年（$Fo=\alpha_1 t/r_1^2$=10.11）时，围岩温度分布沿径向变化如图 5-7（a）、图 5-7（b）所示。结果表明，围岩层和隔热层在不同位置的温度变化趋势一致，而且不同 Fo 时的解析解与数值模拟结果吻合较好。因此式（5-27）和式（5-28）的解析解可以用来准确地描述围岩温度分布随时间的变化规律。

围岩隔热模型的解析解还可以用来分析地下隧道（无隔热层）的温度分布，如果隔热层的导热系数 k_2 与围岩导热系数 k_1 相等，那么双层复合介质的热传导方程将化为单层介质的热传导方程。利用解析解得到地下隧道（无隔热层）温度分布，并与以往文献的结果进行对比[120]，如图 5-8 所示，解析解的结果与以往文献计算结果十分接近，吻合度较高。

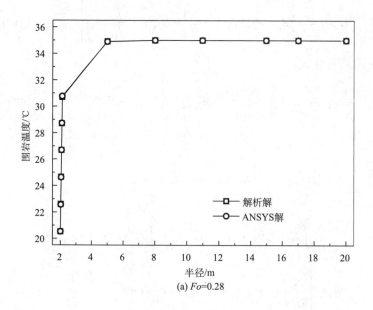

(a) Fo=0.28

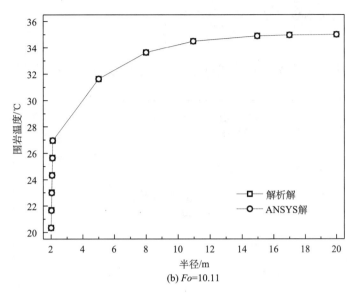

(b) Fo=10.11

图 5-7　隔热围岩温度分布

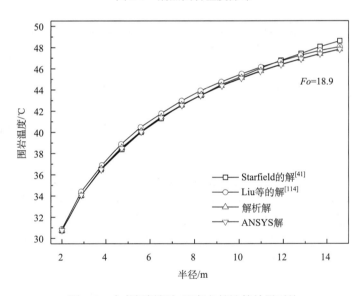

图 5-8　本书解析解与已有文献计算结果对比

5.4.2　热扰动层厚度

热扰动层深度定义为：当围岩体内部无量纲温度差值比（$T-T_a$）/（T_0-T_a）降至 0.99 时，视作围岩发生热扰动，此时的深度即为热扰动层深度。用热扰动层深度衡量热传导深度的方法可以扩展到巷道围岩中，热扰动层深度还有一个重要作用就是确定解析和模拟研究的外边界范围，穿透深度随 Fo 变化规律见图 5-9。从图 5-9 中可以看出，未加隔热层的巷道围岩的穿透深度比加隔热层的穿透深度要大。两种状态下围岩的穿透深度随

时间的增长趋势与幂函数类似，拟合公式为

$$L_p = a \cdot Fo^b \qquad\qquad (5\text{-}43)$$

式中，a，b 为曲线拟合参数。该公式较好地揭示了穿透深度与 Fo 之间的关系。

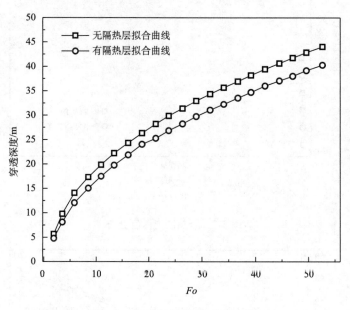

图 5-9　穿透深度随 Fo 变化规律

为了及时确定穿透深度，通过不同隔热层参数值来确定参数 a 和 b 的值，计算结果见表 5-3。

表 5-3　不同隔热层参数计算得到的参数 a 和 b 的值

$k_2/(\mathrm{W/(m \cdot K)})$	δ/m	a	b	$k_2/(\mathrm{W/(m \cdot K)})$	δ/m	a	b
0.05	0.05	5.969541	0.488847	0.15	0.05	6.630124	0.476385
0.05	0.1	5.405369	0.498150	0.15	0.1	6.292197	0.482761
0.05	0.15	5.032721	0.503686	0.15	0.15	6.041953	0.487024
0.05	0.2	4.759584	0.507348	0.15	0.2	5.835626	0.490535
0.1	0.05	6.429978	0.480283	0.2	0.05	6.744363	0.474084
0.1	0.1	6.000820	0.488170	0.2	0.1	6.465251	0.479516
0.1	0.15	5.703411	0.492917	0.2	0.15	6.247807	0.483431
0.1	0.2	5.468328	0.496555	0.2	0.2	6.070719	0.486438

根据上述计算结果，我们可以得到参数 a 和 b 与 k_2 和 δ 之间的关系方程为

$$\begin{cases} a = \dfrac{7.125 + 543\,836k_2 + 76\,772\delta}{1 + 79\,179k_2 - 9407k_2^2 + 24\,984\delta} \\[3mm] b = \dfrac{0.466 + 5089k_2 - 211k_2^2 + 2522\delta}{1 + 10\,778k_2 + 4779\delta} \end{cases} \tag{5-44}$$

我们可以通过式（5-43）和式（5-44）来计算得到有隔热层和无隔热层的围岩穿透深度，计算参数见表 5-2，穿透深度的计算结果与解析结果对比见表 5-4。不同 Fo 条件下，拟合结果与解析的结果非常接近，由此说明，拟合公式对于预测围岩穿透深度具有较高的准确性。

表 5-4　解析与拟合的穿透深度对比

Fo	无隔热层		有隔热层	
	解析	拟合	解析	拟合
0.84	6.58	6.94	5.53	5.62
2.53	10.98	11.10	9.45	9.44
5.05	15.16	15.16	13.25	13.20
10.11	20.94	20.88	18.59	18.54
20.22	28.92	28.88	26.07	26.04
30.33	34.94	34.94	31.77	31.76
40.44	39.95	40.02	36.55	36.54
50.54	44.33	44.36	40.76	40.70

5.4.3　围岩温度演变

为分析围岩温度场及其随时间的变化规律，研究隔热层对温度场分布的影响，对两种不同类型的物理模型进行了分析，一种是没有隔热层的巷道，另一种是带隔热层的巷道，设定两者具有相同的初始条件和边界条件。

当进风流空气温度恒定时，无隔热层时巷道围岩温度分布随时间变化规律如图 5-10（a）所示，计算得到了 10 天～2 年（$Fo=\alpha_1 t/r_1^2=0.28\sim20.22$）的围岩温度随时间变化曲线。由图可知，在非稳态传热初始阶段，巷道围岩壁面温度迅速下降，在一个月（$Fo=0.84$）后，壁面温度由原来的 35℃降至 20.90℃，温度差为 14.10℃，在一年（$Fo=10.11$）后壁面温度继续下降到 20.47℃，温度差仅为 0.43℃。分析原因：在非稳态传热初始阶段，围岩与风流的温差较大，围岩温度下降较快，此外，围岩壁面的温度梯度也比围岩内部大得多，为减少围岩与风流间的对流换热量，可在巷道围岩壁面铺设隔热层来减少换热。

进风流空气温度恒定时，铺设隔热层时的围岩温度分布如图 5-10（b）所示。计算得到了从 10 天～2 年（$Fo=\alpha_1 t/r_1^2=0.28\sim20.22$）的围岩与隔热层温度分布随时间的变化

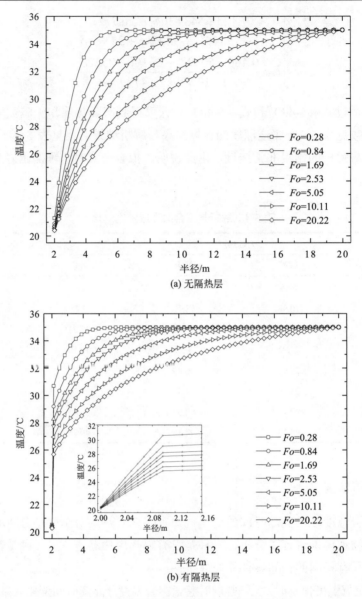

(a) 无隔热层

(b) 有隔热层

图 5-10　有无隔热层巷道围岩温度场分布

曲线。比较两种模型的温度分布曲线可知：①Fo=0.28 时，隔热层温度梯度为 101.79℃/m，围岩温度梯度为 8.47℃/m；Fo=10.11 时，隔热层温度梯度为 59.46℃/m，围岩温度梯度为 3.05℃/m。由此可知，由于隔热层导热系数比围岩导热系数小得多，所以在相同位置处，隔热层的温度梯度要比围岩温度梯度大得多。②由于隔热层的热扩散率小于围岩的热扩散率，所以热量在隔热层中的扩散速度较慢，例如，在 Fo=5.05 时，铺设隔热层的围岩温度影响半径（温度降低 0.1℃）为 15.0m，而未铺设隔热层的温度影响半径为 16.8m，由此可知隔热层由于热扩散率较小，起到了降低热量传递速率的作用。③为研究隔热层的影响，引入过余温度（壁面温度与空气温度差）见表 5-5，由表可知，未铺设隔热层的过余温度比铺设隔热层的大，在 Fo=0.28～20.22 范围内，两者的比值变化为 2.50～1.43。由此表明，当巷道围岩铺设低导热的材料时，巷道围岩与风流间的对流换热量大大减少。

表 5-5　有无隔热层过余温度随时间变化

Fo	0.28	0.84	1.69	2.53	5.05	10.11	20.22
未铺隔热层/℃	1.30	0.90	0.73	0.65	0.55	0.47	0.40
铺设隔热层/℃	0.52	0.45	0.40	0.38	0.34	0.30	0.28
比值	2.50	2.00	1.83	1.71	1.62	1.57	1.43

5.4.4　隔热层对隔热效果的影响

1）隔热层厚度

过余温度是衡量热量从壁面传递到空气的重要指标，我们知道，隔热层越厚热阻越大，围岩与风流间的换热量越少。不同隔热层厚度下的过余温度随 Fo 的变化情况如图 5-11（a）所示，当 Fo=0.28，隔热层厚度 δ=0m，0.02m，0.06m，0.10m 时，过余温度分别为 1.30℃，1.04℃，0.70℃，0.53℃，δ=0m 时的过余温度要比 δ=0.10m 时的过余温度高出 2.5 倍。此外，在初始阶段，有隔热层和无隔热层的巷道模型的过余温度迅速降低，然后随着 Fo 的增加而逐渐减小。但是，尽管所有的过余温度随着时间的推移而逐渐减小，在 Fo=20.22 时，未加隔热层的巷道过余温度是隔热层厚度 δ=0.10m 时的 1.43 倍，由此可知，较厚的隔热层对围岩热量的传递影响更大。

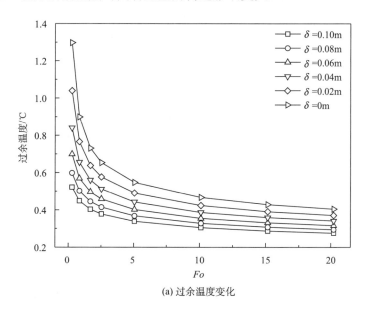

(a) 过余温度变化

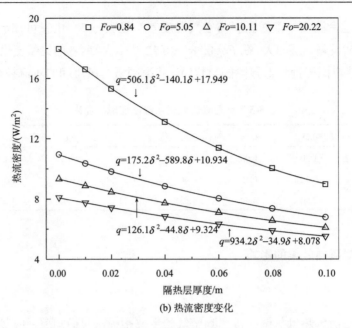

(b) 热流密度变化

图 5-11　隔热层厚度的影响

迪过分析个同条件下风流与围岩之间的热流密度来表征隔热层的隔热效果，热流密度可以根据牛顿冷却定律来计算。图 5-11（b）给出了不同隔热层厚度时围岩与风流间的热流密度值。显然，对于较小的 Fo，热流密度衰减得更快，这与图 5-11（a）所示的过余温度变化趋势一致。热流密度随着隔热层厚度的增加而减小，减小量随着隔热层厚度的增加而减小；热流密度随着 Fo 的增加而减小，减小量随着 Fo 的增加而减小。当 Fo=0.84 时，隔热层 δ=0.10m 比无隔热层时的围岩热流密度小 50%。图 5-11 给出了在不同 Fo 下围岩热流密度随隔热层厚度变化的拟合多项式。

2）隔热层导热系数

隔热层的导热系数对材料的保温隔热效果至关重要，在不同隔热层导热系数下，过余温度随 Fo 的变化如图 5-12（a）所示。

当隔热层导热系数 k_2 与围岩导热系数 k_1=2.4W/（m·K）相等，Fo 从 0.28 增加到 10.11 时，过余温度从 1.3℃降低到 0.41℃，当 Fo=0.28，隔热层导热系数 k_2 从 0.60W/（m·K）减小到 0.04W/（m·K）时，过余温度从 1.12℃降低到 0.26℃；Fo 从 0.28 增加到 10.11，隔热层导热系数 k_2=0.04W/（m·K）和 0.60W/（m·K）时的过余温差从 0.76℃减小到了 0.25℃，随着 Fo 增加，温差逐渐减小到 0.2℃。

由图 5-12（a）可以很直观地看出，过余温度随着隔热层导热系数的减小而减小。在不同 Fo 下热流密度随隔热层导热系数的变化如图 5-12（b）所示，热流密度随着隔热层导热系数减小而减小，而且减小幅度越来越大，在 k_2<0.2W/（m·K）时尤为明显，相比之下，当 k_2>0.2W/（m·K）时，隔热层导热系数降低，热流密度不会显著降低。例如，

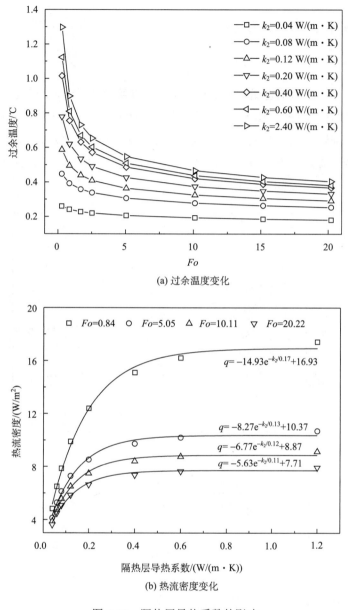

(a) 过余温度变化

(b) 热流密度变化

图 5-12 　隔热层导热系数的影响

导热系数从 1.2W/（m·K）降低到 0.2W/（m·K），Fo=0.84 时，热流密度从 17.4W/m^2 降低到 12.4W/m^2，而且随着时间的增加，热流密度的减小幅度较小。同时图 5-12（b）给出了指数拟合方程，在不同 Fo 时，热流密度随着隔热层导热系数的减小单调降低，很明显，隔热层导热系数越低，热流密度越小，即隔热层的保温隔热效果越好。

5.4.5　围岩参数对隔热效果的影响

1）围岩导热系数

　　地下巷道穿过的原始围岩或者土壤具有不同的热物理性质，因此有必要研究围岩导热系数对隔热层保温效果的影响。围岩不同导热系数时过余温度随 Fo 的变化如图 5-13（a）所示，由图可知围岩导热系数 k_1 越大，过余温度越大。例如，$Fo=0.28$，$k_1=4.9\mathrm{W/(m\cdot K)}$ 时的过余温度为 0.64℃，$k_1=1.9\mathrm{W/(m\cdot K)}$ 时的过余温度为 0.47℃，围岩高导热系数与低导热系数的过余温度差随 Fo 增加略有增加。

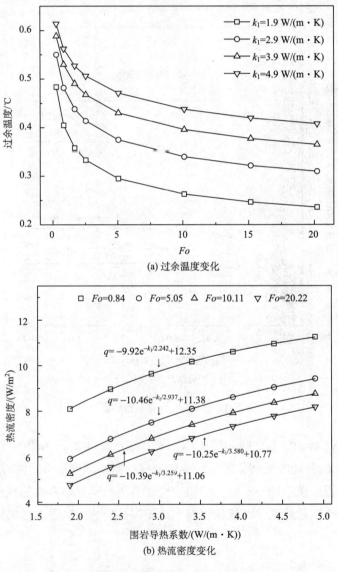

图 5-13　围岩导热系数的影响

在相同隔热条件下围岩导热系数对围岩与风流间的热流密度的影响规律如图 5-13（b）所示，热流密度随围岩导热系数的变化规律与图 5-12（b）所示的隔热层导热系数的变化趋势略有不同。热流密度随着围岩导热系数的增加而单调增加，对于不同的围岩导热系数，围岩与风流间的热流密度随着 Fo 的增加而减小。图 5-12（b）给出的指数拟合公式较好地给出了热流密度与围岩导热系数在不同 Fo 时的变化关系，由图可知，随着围岩导热系数的增加，热流密度呈指数增加。

2）对流换热系数

风流与巷道之间的对流换热归类为空气边界层受到壁面约束的内部流动模型。由于巷道壁面温度或者说热流密度是随时间变化的，目前相关的研究中还没有经验关系式来计算巷道整条长度的对流换热系数。对于给定的地下巷道，对流换热系数仅与雷诺数有关，即对流换热系数 h 仅为风速的函数。过余温度在不同对流换热系数 h 下随 Fo 变化曲线如图 5-14（a）所示，由图可知，不同对流换热系数的过余温度差随着时间的增加而减小，例如，在 $Fo=0.28$ 时，对流换热系数 $h=10\text{W}/(\text{m}^2 \cdot \text{K})$ 和 $h=40\text{W}/(\text{m}^2 \cdot \text{K})$ 时的过余温度差为 0.74℃，而在 $Fo=20.22$ 时，这一值降低到 0.40℃。因为对流换热系数 h 仅为风速的函数，所以图 5-14（a）中过余温度和对流换热系数 h 的关系可以转化为过余温度和风速之间的关系，风速可以通过现场测试获取。如图 5-14（b）所示，热流密度随对流换热系数的变化规律与图 5-14（a）过余温度随对流换热系数的变化规律显然不同。随着对流换热系数的增加，热流密度几乎没有增加，而过余温度明显减小，结合牛顿冷却定律可知，增加的对流换热系数值正好与降低的过余温度值相抵消，由此说明通过提高风速增加的传热量可以忽略不计。由图 5-14（c）中热流密度减小量随时间变化曲线可以直观地看出，在 $Fo=0.28$ 时，对流换热系数 $h= 10\text{W}/(\text{m}^2 \cdot \text{K})$、$20\text{W}/(\text{m}^2 \cdot \text{K})$、$30\text{W}/(\text{m}^2 \cdot \text{K})$、$40\text{W}/(\text{m}^2 \cdot \text{K})$ 的热流密度下降值分别为 58.9%、59.8%、60.0% 和 60.1%，结果表明，对流换热系数对热流密度的减小几乎没有影响。同时可知，由于热流密度不变，通风量增加，即风流速度增加，气流沿着巷道温升较小。增加通风量对于改善地下矿井热环境来说是一个不错的选择，但是必须注意的是通风压差和通风功率也会随之增加。图 5-14（b）给出的拟合方程可以揭示热流密度在不同 Fo 时随着对流换热系数的变化趋势。

3）巷道等效半径

在实际工程中，巷道断面多为非规则形状，可以采用水力直径来对传热过程进行分析，并将所得到的结果与实际工程相对比。为了研究巷道半径对围岩隔热的影响，现对四种不同半径的模型进行计算讨论。不同巷道半径时过余温度随 Fo 的变化如图 5-15（a）所示，巷道半径不同时的过余温度都随着 Fo 增加而下降，过余温度随着巷道半径的增加而减小，例如，在 $Fo=5.05$ 时，$r=1\text{m}$ 时的过余温度为 0.41℃，$r=4\text{m}$ 时的过余温度为 0.28℃；不同巷道半径的过余温度差也随着 Fo 的增加而增加，$r=1\text{m}$ 和 $r=4\text{m}$ 时的过余温度差从 $Fo=0.28$ 时的 0.06℃增加到 $Fo=20.22$ 时的 0.15℃，由此可知，巷道水力直径越大，围岩温度与风流温度越接近。

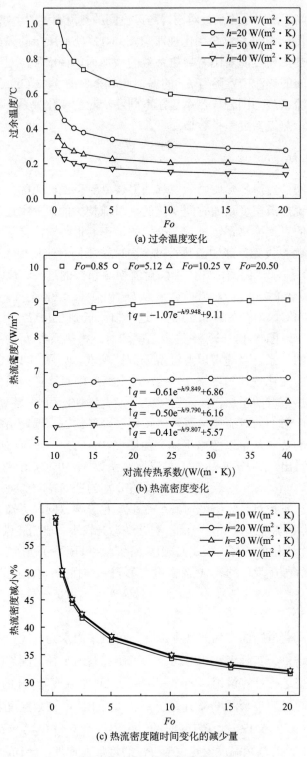

(a) 过余温度变化

(b) 热流密度变化

(c) 热流密度随时间变化的减少量

图 5-14　对流换热系数的影响

　　由于不同的巷道等效半径传热面积也不同，可以用单位长度热流量取代热流密度来对巷道等效半径的影响进行研究，如图 5-15（b）所示，由图可知，单位长度的热流量随着等效半径的增加而单调增加，而由图 5-15（a）知过余温度随着等效半径的增加而降低，随着等效半径的增加，热流密度呈指数减小，然而，由于传热面积随巷道等效半径的增加呈线性增加，单位长度的传热率也随等效半径的增大而增大。传热率增加的幅度随着时间的增加逐渐减小，图 5-15（b）中拟合的多项式揭示了不同 Fo 时单位长度的热流量随巷道半径的变化关系。

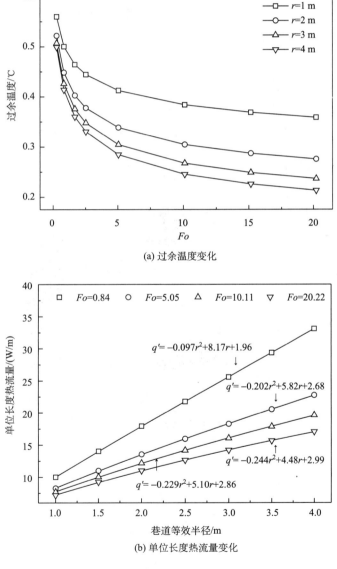

(a) 过余温度变化

(b) 单位长度热流量变化

图 5-15   巷道等效半径的影响

5.5　巷道非断面隔热效果分析

5.5.1　围岩温度变化

部分隔热时，围岩温度场随时间的变化规律与全隔热时不同，首先验证用 ANSYS 模拟求解与 5.3 节中的数值解析解是否对应。如图 5-16 所示，与图 5-10（b）一致，结果表明，不同 Fo 时的解析解与数值模拟结果吻合较好。

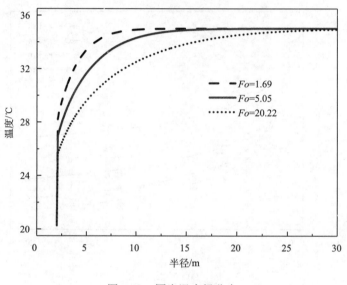

图 5-16　围岩温度场分布

为分析巷道围岩部分隔热时其温度场随时间的变化规律，研究铺设不同角度范围隔热层对温度场分布的影响，用 ANSYS 进行模拟，令 $180°-\theta=\varphi$，即 φ（铺设隔热层的角度范围）为 $\theta\sim180°$。对 $\varphi=120°$ 时的围岩温度场进行模拟。当 $Fo=5.05$ 时，不同角度方向的围岩温度场分布规律如图 5-17 所示，由图可知，围岩壁面温度梯度比围岩内部大得多，在 $0\sim180°$ 范围内，铺设隔热层部分的围岩温度梯度要比未铺设隔热层部分大，铺设隔热层的角度范围越大，温度梯度越大。靠近隔热层部分的围岩温度分布会受到影响，围岩与风流温差即过余温度分别为 0.328℃、0.324℃、0.310℃、0.274℃、0.653℃、0.607℃。图 5-18 为 $\varphi=120°$ 时，在 30°时的围岩温度分布，由图可知，在非稳态初始阶段与全隔热时的影响规律一致，围岩与风流温差较大，围岩温度下降较快，因为此处位于无隔热层中间，但受隔热层影响，$Fo=5.05$ 时的围岩 30°方向的热穿透深度为 14.78m，比无隔热层时的 15m 深度小。相比较图 5-19，在 120°方向（隔热层中间）时的围岩温度分布，$Fo=5.05$ 时的热穿透深度为 13.67m，比全隔热时的 13.2m 大，即部分隔热时，围岩的热穿透深度介于全隔热和无隔热时的热穿透深度之间。同时也说明,隔热层的铺设对围岩温度场影响较大。

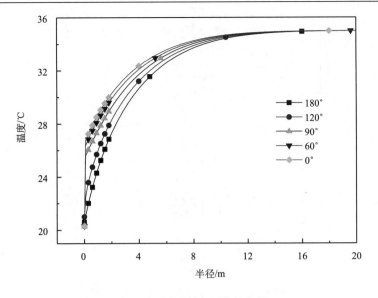

图 5-17　不同角度温度场变化

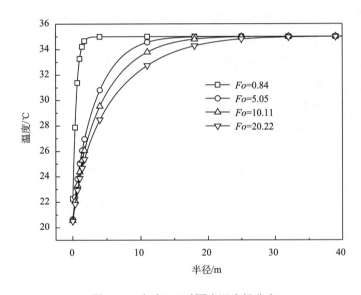

图 5-18　角度 30°时围岩温度场分布

5.5.2　等值线图

由等值线图可以较为直观地观察出温度的分布，在巷道部分铺设隔热层时，围岩温度分布会显著不同。由于模型对称，为简化计算，现将圆形巷道简化为半圆形进行模拟求解，例如，当 θ=30°时，实际巷道隔热层铺设范围为 30°～330°。在一年（Fo=10.11）

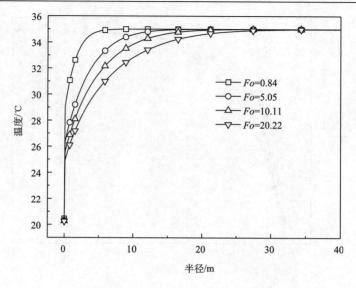

图 5-19　角度 120°时围岩温度场分布

时间时铺设的隔热层在 0°~180° 范围内时，围岩温度等值线如图 5-20 所示。从图中我们可以直观地看到，当围岩全隔热（$\theta=0°$）和无隔热（$\theta=180°$）时，温度分布较为均匀，等值线分布均匀，从等值线的疏密程度可以看出，围岩温度梯度从外到内逐渐增大；部分隔热时，围岩铺设隔热层部分温度梯度较大。随着角度的增大，围岩与风流间的换热面越来越大，换热量增加，围岩温度降低，温度梯度降低，围岩温度等值线逐渐向内扩展，岩石内部相同位置处的温度逐渐降低。

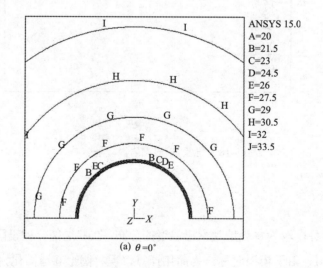

(a) $\theta=0°$

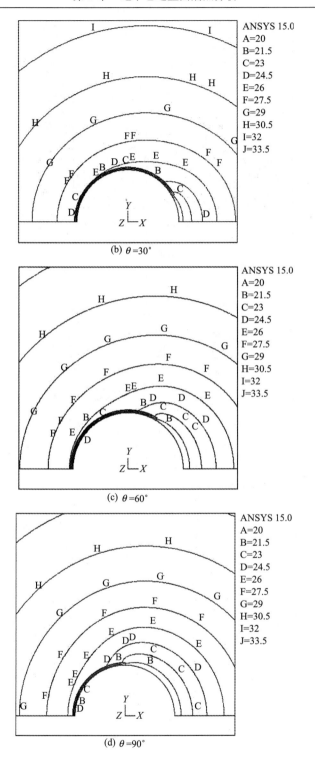

(b) θ=30°

(c) θ=60°

(d) θ=90°

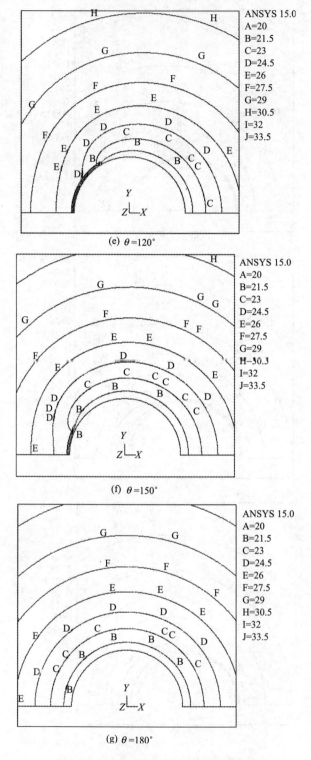

图 5-20　不同隔热层角度温度等值线图

5.5.3　隔热层参数影响

1）隔热层厚度

当 Fo=5.05，隔热层厚度不同时，热流密度随隔热层角度范围的变化如图 5-21（a）所示，在隔热范围 φ =120°时不同 Fo 时的热流密度与隔热层厚度关系如图 5-21（b）所示。

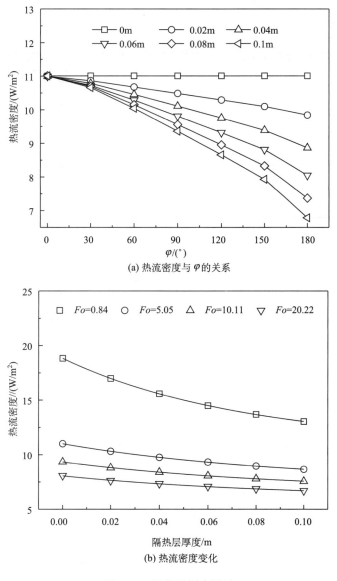

(a) 热流密度与 φ 的关系

(b) 热流密度变化

图 5-21　隔热层厚度影响

由图可知，随着隔热角度范围 φ 的增大，热流密度逐渐减小；隔热层越厚，热阻越大，围岩与风流间的换热量越少，此时热流密度越小；φ 越大，隔热层厚度对热流密度的影响越大；在 Fo=0.84 时，隔热层厚度为 δ=0m，0.02m，0.04m，0.06m，0.08m，0.10m 时的热流密度分别为 18.83W/m²、16.99W/m²、15.59W/m²、14.49W/m²、13.68W/m²、13.03W/m²，铺设 0.02m 隔热层时的热流密度比未隔热时的热流密度降低 10%，铺设 0.10m 隔热层时的热流密度降低 31%，而由图 5-11 可知巷道全部隔热时铺设 0.1mm 厚的隔热层热流密度降低 50%，说明隔热层对围岩热流密度影响较大，但是随着时间的推移，热流密度逐渐减小，隔热层厚度对热流密度影响逐渐减小，热流密度与隔热层厚度的关系拟合公式为 $q=A_1\exp\left(-x/t_1\right)+y_0$，各项参数见表 5-6。

表 5-6　热流密度与隔热层厚度、隔热层导热系数、对流换热系数拟合公式参数

Fo	参数	$x=\delta$	$x=k_2$	$x=k_1$	$x=h$
0.84	y_0	10.96869	18.57643	32.64589	13.31499
	A_1	7.86475	−9.44915	−27.5584	−2.54536
	t_1	0.07493	0.19534	7.1091	8.97046
5.05	y_0	7.48881	10.91847	28.08916	8.78629
	A_1	3.5177	−4.28097	−25.6286	−1.15715
	t_1	0.09127	0.16583	8.72603	8.93604
10.11	y_0	6.67998	9.27256	26.65252	7.66084
	A_1	2.6548	−3.29019	−24.7796	−0.89519
	t_1	0.09149	0.16235	9.25333	8.90826
20.22	y_0	6.05566	8.0194	25.74637	6.76338
	A_1	2.00245	−2.59368	−24.2875	−0.70903
	t_1	0.08792	0.15994	9.95476	8.86858

2）隔热层导热系数

φ 不同，Fo=5.05 时，隔热层导热系数对热流密度的影响如图 5-22（a）所示。随着 φ 增大，围岩热流密度逐渐降低，而且降低幅度越来越大，导热系数越小降低越明显。当 k_2=0.05W/（m·K），φ 从 0°增加到 90°时，热流密度从 11.01W/m² 降低到了 8.74W /m²，降低了 20.6%，φ 从 90°增加到 180°时，热流密度从 8.74W/m² 降低到了 4.75W/m²；降低了 45.7%；当 k_2=0.20W/（m·K），φ 从 90°增加到 180°时，热流密度从 9.98W/m² 降低到了 8.56W/m²，降低了 14.2%。

图 5-22（b）显示了 φ =120°、Fo 不同时热流密度随隔热层导热系数的变化规律，由图可知，随着隔热层导热系数的增加，热流密度逐渐增大，但增加的幅度越来越小，变化规律与围岩全部隔热时一致。在 k_2>0.2W/（m·K）时，热流密度较为平缓，随着 Fo 的增加，热流密度逐渐减小。当 k_2=2.4W/（m·K）时，即隔热层导热系数与围岩导热系数相同时，Fo 从 0.84 增加到 10.11 时，热流密度从 18.79W/m² 降低到了 9.34W/m²，降

低幅度 50.3%；当 k_2=0.1W/（m·K），热流密度从 13.03W/m² 降低到了 7.56W/m²，降低幅度 42.0%。当 Fo=0.84，导热系数从 1.2W/（m·K）降低到 0.2W/（m·K）时，热流密度从 18.35W/m² 降低到了 15.08W/m²，降低幅度 17.8%，而全隔热时热流密度从 17.4W/m² 降低到 12.4W/m²，降低幅度 28.7%，由此说明，隔热层铺设范围越大，隔热效果越明显，围岩与风流间换热的热流密度随隔热层导热系数变化的关系拟合公式为 $q=A_1\exp(-x/t_1)+y_0$，各项参数见表 5-6。

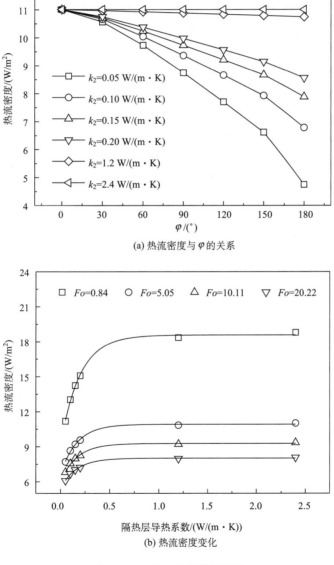

(a) 热流密度与 φ 的关系

(b) 热流密度变化

图 5-22　隔热层导热系数影响

5.5.4　围岩参数影响

1）围岩导热系数

图 5-23（a）为热流密度在不同围岩导热系数时随隔热层角度范围 φ 的变化规律。图 5-23（b）为不同 Fo 时，热流密度随围岩导热系数的变化规律。

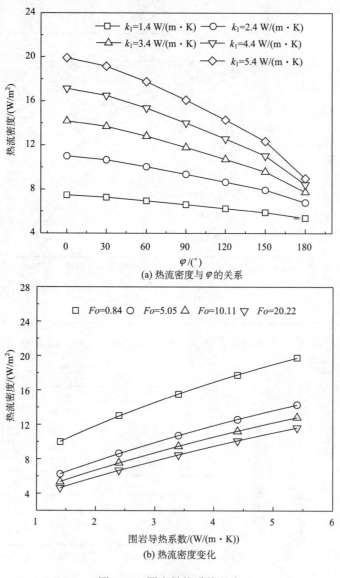

(a) 热流密度与 φ 的关系

(b) 热流密度变化

图 5-23　围岩导热系数影响

由图 5-23（a）可知，随着 φ 增大，热流密度逐渐减小；随着围岩导热系数 k_1 增大，热流密度增大，传热量增大，φ 越大，热流密度减小得越明显。k_1=1.4W/（m·K）时，φ

从 0°增加到 90°时热流密度从 7.46 W/m² 降低到了 6.59W/m²，降低幅度 11.7%，k_1= 5.4W/（m·K）时，φ 从 0°增加到 90°时热流密度从 19.91 W/m² 降低到了 16.09W/m²，降低幅度 19.2%，φ 从 90°增加到 180°时热流密度从 16.09 W/m² 降低到了 8.99W/m²，降低幅度 44.1%。由图 5-23（b）可知，随着围岩导热系数增大，热流密度单调增大，对于不同的围岩导热系数，围岩与风流间的热流密度都随着 Fo 的增加而减小，热流密度与围岩导热系数的关系拟合公式为 $q=A_1\exp(-x/t_1)+y_0$，各项参数见表 5-6。

2）对流换热系数

图 5-24（a）给出了围岩与风流间的对流换热系数 h 不同时，热流密度随隔热层角度范围 φ 的变化规律，图 5-24（b）为热流密度在不同 Fo 时随对流换热系数 h 的变化规律。

由图 5-24（a）可知，随着 φ 增大，热流密度逐渐减小；随着对流换热系数 h 增加，热流密度增加，但是增加的幅度不大，而且随着 φ 增大，不同 h 时的热流密度逐渐趋于一致。φ =0°时，h 由 10 W/（m²·K）增大到 30W/（m²·K）时，热流密度分别为 10.69W/m²、10.90W/m²、11.01W/m²、11.07W/m²、11.11W/m²，增加的幅度分别为 2.00%、1.01%、0.54%、0.36%；当 φ =180°时，热流密度分别为 6.64W/m²、6.74W/m²、6.78W/m²、6.81W/m²、6.83W/m²，增加的幅度分别为 1.51%、0.59%、0.44%、0.29%。由此表明，对流换热系数对热流密度的减小几乎没有影响。由图 5-24（b）可知，热流密度随着对流换热系数的增加而单调增大，随着 Fo 增加，热流密度逐渐减小，变化规律与全隔热时一致，但是所有的热流密度都要较全隔热时大，热流密度与对流换热系数的关系拟合公式为 $q=A_1\exp(-x/t_1)+y_0$，各项参数见表 5-6。

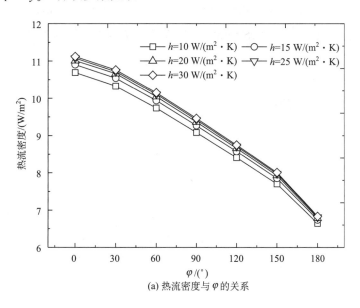

(a) 热流密度与 φ 的关系

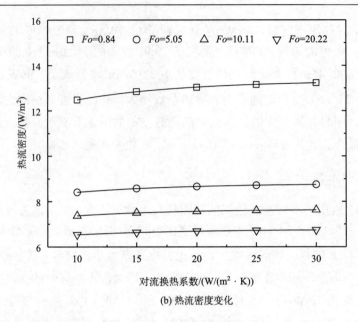

(b) 热流密度变化

图 5-24　对流换热系数的影响

3）巷道等效半径

图 5-25（a）给出了不同巷道半径时，热流密度随不同隔热层角度范围 φ 的变化规律，图 5-25（b）为单位长度热流量随巷道半径的变化规律。

由图 5-25（a）可知，随着 φ 增大，热流密度减小；巷道半径越大，热流密度越小，随着 φ 增大，半径越小的巷道，热流密度变化越大。$\varphi = 90°$，$r = 1\mathrm{m}$、$2\mathrm{m}$、$3\mathrm{m}$、$4\mathrm{m}$ 时的热流密度分别为 $13.09\mathrm{W/m^2}$、$9.36\mathrm{W/m^2}$、$7.93\mathrm{W/m^2}$、$7.14\mathrm{W/m^2}$，降低幅度分别为 28.5%、

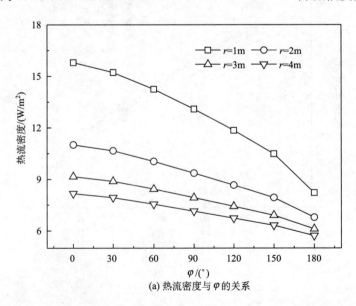

(a) 热流密度与 φ 的关系

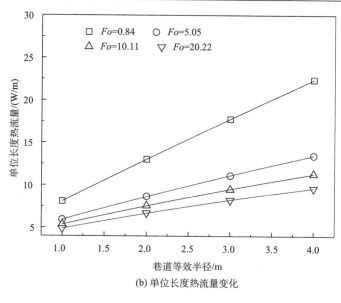

(b) 单位长度热流量变化

图 5-25 巷道半径的影响

15.3%、10.0%；φ=180°，r=1m、2m、3m、4m 时的热流密度分别为 8.22W/m²、6.78W/m²、6.11W/m²、5.72W/m²，随着半径增大，相邻半径间的热流密度降低幅度分别为 17.5%、9.9%、6.38%。由图 5-25（b）可知，单位长度的热流量随着 Fo 的增加而单调增加，随着 Fo 的增加，热流密度逐渐减小，巷道半径越大，单位长度的热流量减小得越明显，热流密度与巷道等效半径的关系拟合公式为 $y = \text{Intercept} + B_1 + B_2 x^2$，各项参数见表 5-7。

表 5-7 热流密度与巷道半径拟合公式参数

Fo	Intercept	B_1	B_2
0.84	3.04026	5.14123	−0.0752
5.05	3.02327	3.00586	−0.09903
10.11	2.95288	2.50235	−0.10385
20.22	2.86638	2.10904	−0.10464

5.6 巷道隔热风流温度场演变规律

5.6.1 模型建立

1）基本参数

模拟巷道为圆形巷道，半径为 2m，巷道长度为 150m，风流入口温度 T_0 为 20℃，围岩温度为 35℃，围岩导热系数为 2.4W/（m·K），热扩散系数为 1.3×10⁻⁶ m²/s，风流密度为 1.22kg/m³，风流速度 ω 为 4m/s，空气比热容为 0.24kJ/（kg·K），导热系数为 0.0242W/

（m·K），围岩无量纲不稳定系数 K 为 0.601。

2）模型建立

由于该巷道及围岩结构具有对称性，因此选取一半进行模拟。为简化计算选择二维模型，网格划分时采用结构化网格。

3）条件设置

本算例中的巷道内风流流态为紊流，故采用二维标准 k-ε 模型。其中，湍流动能 $k=0.05v^2$，湍流动能耗散率 $\varepsilon = C_\mu^{0.75} k^{0.75}/0.07D$，$C_\mu$ 一般取常数 0.09，D 为水力直径。

初始、边界条件设置：

风流初始温度：283K、288K、293K、298K。

风流入口边界：采用速度入口，风速设置为 0.5m/s、1m/s、2m/s、4m/s。

出口边界条件：采用出流边界 Outflow。

壁面边界条件：围岩外边界表面温度 308K。

5.6.2　径向及轴向风流温度分布

风速为 1m/s，Fo=0.84 时风流沿径向至壁面温度变化如图 5-26（a）所示；取 X=50m 截面，在不同 Fo 时的风流分布如图 5-26（b）所示。由图 5-26（a）可以看出，风流温度沿径向逐渐升高，越靠近围岩壁面温度越高，取巷道断面 X=0m、X=50m、X=100m 时的风流温度可知，离进风口越近温度越低，说明风流在中心位置温度较低，冷却效果较好，而由于围岩不断进行散热，巷道周围不断向巷道内部传递热量，贴近壁面的风流温

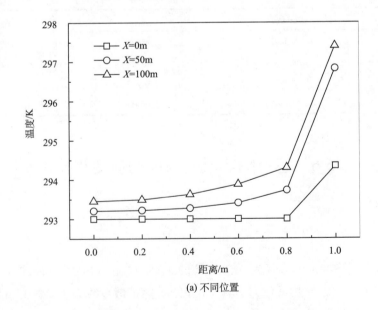

(a) 不同位置

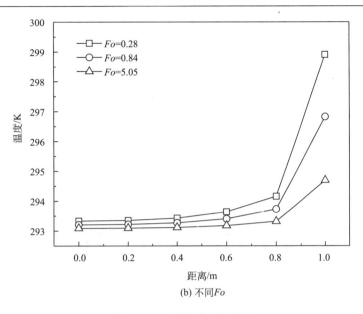

(b) 不同Fo

图 5-26 风流温度径向分布

度较高，随着沿巷道深度的增加，温度逐渐增大。由图 5-26（b）可知，不同 Fo 时，风流温度沿径向方向上的分布规律一致，都是随着径向深度的增大而增大，在贴近壁面处温度梯度较大，温度较高，同时发现，随着 Fo 的增加，风流温度逐渐降低，而且在径向 $0\sim0.6m$ 范围内，不同 Fo 下的温度变化较小，非常接近送风温度，在 $0.6\sim1m$ 范围内，受围岩散热影响温度变化较大。

图 5-27（a）给出了不同 Fo 时的风流贴壁面的风流温度（后面都以壁面温度来定义）沿巷道中心轴向的温度分布，图 5-27（b）给出了不同 Fo 时的风流沿巷道中心轴向的温度分布（后面都以轴向温度定义）。由图 5-27（a）可知，壁面温度沿着巷道长度方向先

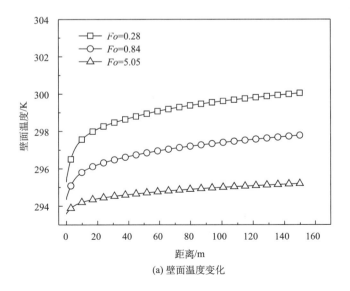

(a) 壁面温度变化

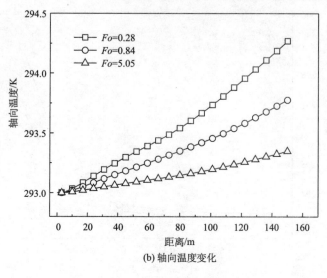

(b) 轴向温度变化

图 5-27　风流温度分布

增大后逐渐趋于平缓，Fo 越大，壁面温度越低，但是降低的速率减慢。从图 5-27（b）可以看出，风流沿轴向的温度不断升高，呈近似线性关系，而且随着 Fo 的增加，温度逐渐降低趋于缓和，时间越短，风流轴向温度变化越明显。

5.6.3　隔热前、后风流温度变化

图 5-28（a）为 $Fo=0.28$ 时，不同断面处的风流温度沿径向变化规律，图 5-28（b）给出了 $Fo=0.28$ 时，铺设 100mm 导热系数为 0.1W/（m·K）的隔热层后的风流温度变化规律。两图对比可知，隔热后径向各个位置处的温度都降低，相同径向深度处沿巷道长度方向温差变小，例如，在沿径向 0.8m 处，未隔热时风流温度从 $X=0$ 时的 293K 增加到

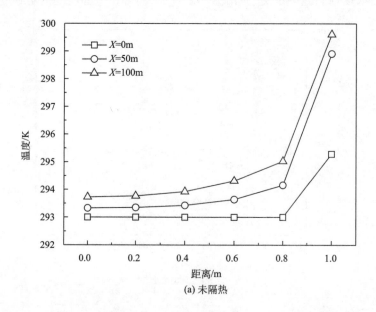

(a) 未隔热

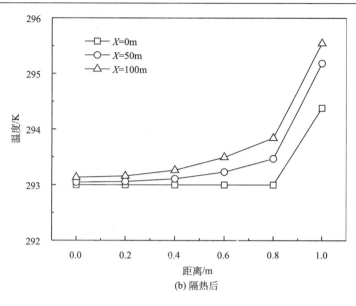

图 5-28　Fo=0.28 时隔热前后风流温度分布

了 X=100m 时的 295K，增加了 2℃；加隔热层后，风流温度从 X=0 时的 293K 增加到了 X=100m 时的 293.8K，增加了 0.8℃。说明隔热层的铺设，较好地阻挡了围岩热量向巷道传递，隔热效果较好。

图 5-29（a）、（b）分别给出了 Fo=5.52 时，X=50m、X=100m 时的不同隔热层厚度的风流温度沿径向变化规律。从图 5-29 中可以看出，相同径向深度处，隔热后的风流温度要比隔热前的温度低，而且随着 X 的增加，风流温度升高，但是与图 5-28（b）相比，由于通风时间较长，热量被风流带走，巷道温度逐渐降低，出现了图中径向方向上的温度变化不明显的现象，但是仍然可以看出隔热层的增加降低了风流温度，而且隔热层越厚，风流温度降低得越多，在壁面处表现得较为明显。在壁面处，X=50m 时，隔热层厚度为 0mm、50mm、100mm 时的温度分别为 294.694K、294.328K、294.242K，隔热层为 50mm、100mm 时的风流温度较未隔热时温度分别降低 0.366℃、0.452℃；在 X=100m 时为 294.997K、294.556K、294.413K，隔热层为 50mm、100mm 时的风流温度较未隔热时温度分别降低 0.441℃，0.584℃。

图 5-30（a）给出了隔热前后风流近壁面温度沿巷道长度方向的变化规律，图 5-30（b）给出了隔热前后风流沿轴向的温度变化规律。从图 5-30（a）可以看出，壁面温度沿巷道长度方向温度逐渐升高，靠近进风流处温度上升较快，随着距离的增加，风流温度增加较缓慢，这是与围岩进行热量交换的结果，随着隔热层厚度的增加，壁面温度升高量减小。初始阶段，风流与围岩温差较大，换热量较大，风流温度上升，沿巷道长度方向，温度升高的风流继续与围岩换热，此时的围岩与风流间的温差较小，换热量少，故温度上升幅度逐渐减小。隔热层的铺设，使得围岩热量向巷道传递受阻，围岩与风流间的温

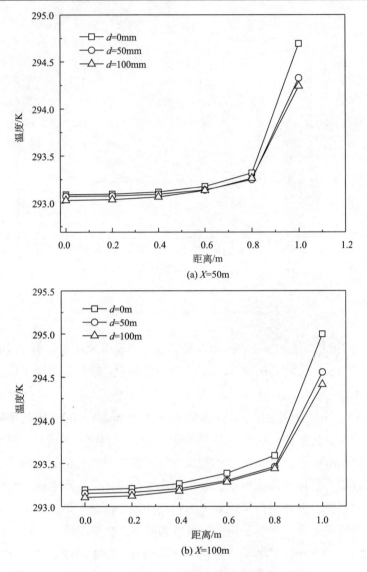

图 5-29　$Fo=5.52$ 时隔热前后风流温度分布

差会更小，换热量也会减少。由图 5-30（b）可知，沿巷道轴线方向上的温度随着巷道长度的增加而增加，隔热层较厚时，温度上升较缓慢，隔热层的铺设导致了围岩与风流间的换热量较少，原因与壁面温度变化规律相同。

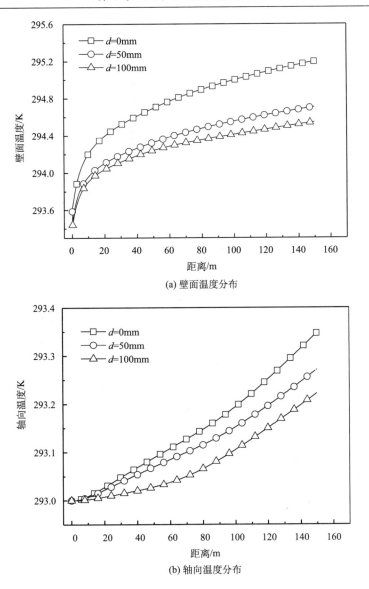

(a) 壁面温度分布

(b) 轴向温度分布

图 5-30　风流温度分布

第6章 地下巷道隔热材料物理力学性质

6.1 概 述

粉煤灰是燃煤电厂排放的主要固体废弃物，主要成分为 SiO_2、Al_2O_3。2015 年我国粉煤灰排放约有 5.7 亿 t，平均资源化利用率约有 70%，仍有 1.7 亿 t 粉煤灰未得到利用。此外，中国 2011～2014 年水泥产量从 20.63 亿 t 迅速增长到 24.80 亿 t，2015 年水泥产量略降到 23.60 亿 t，约占当年全球产量的 57.6%[121]。由于水泥生产通常需要 1400℃以上的高温熟料煅烧，每生产 1t 熟料需要消耗 3.8GJ 热量、排放 0.9t CO_2。燃煤排放的粉煤灰以及水泥生产带来了较严峻的环境污染问题[122]。

地聚合物是硅铝质材料通过缩聚反应生成的一种以 Si-Al 四面体为单元的无定形三维网状无机聚合物，具备强度高、韧性好、耐腐蚀等优点[123]。其中粉煤灰基地聚合物由于固废再利用、环境友好、物理力学性质优于水泥，引起人们研究的兴趣[124-128]。

以粉煤灰基地聚合物混凝土为基材制备的地聚合物泡沫混凝土（geopolymer foam concrete，GFC），具有导热系数低、防火性能好、强度优于常规水泥基泡沫混凝土等优点，作为新型建筑节能材料受到普遍关注。Zhang 等[129]采用 F 级粉煤灰和高炉矿渣制备 GFC，发现抗压强度随矿渣添加量增加先增后降，随泡沫添加量增加呈非线性降低规律。Liu 等[130,131]采用低钙粉煤灰和棕榈油灰作为胶结材料、油棕果壳为粗骨料，研究了干密度为 1300～1700kg/m³ 的轻质地聚合物泡沫混凝土的性质，发现抗压强度与干密度、龄期近似呈线性增加，随泡沫添加量增加呈线性降低。Posi 等[132]发现抗压强度随水灰比降低而增大，NaOH 添加量为 10%时抗压强度较其他添加量要高。Huiskes 等[133]分析了液胶比、凝胶-骨料比、粒径和引气剂等对 GFC 强度、干密度和导热系数等的影响，得到干密度 800 kg/m³ 时抗压强度可达 10MPa 的高强度 GFC。Yan 等[134]发现 GFC 抗压强度在七日龄期前提升较快，且添加海泡石后抗压强度均较未添加的高，添加量为 10%时抗压强度增幅最大。

轻质地聚合物混凝土力学强度是其作为保温材料应用的重要参数，针对这一问题本章主要研究在水灰比固定时 NaOH 不同添加量对 GFC 抗压强度以及碱激活反应的影响，不同干密度时抗压强度及孔隙分布规律，粗骨料、细骨料添加对抗压强度的影响，以及添加不同类型聚丙烯纤维后 GFC 抗压强度变化、应力应变规律和破坏特征，通过掌握影响 GFC 抗压强度的相关变化规律来寻求物理力学参数更优的地聚合物保温隔热材料。

6.2　试验材料及方案

6.2.1　试验材料

1）粉煤灰

采用河北某公司生产的Ⅱ级粉煤灰，并对其进行了 X 射线荧光和 X 射线衍射测试，确定其主要成分及含量，结果分别如表 6-1 和图 6-1 所示。

表 6-1　粉煤灰化学成分

分子式	Al_2O_3	SiO_2	Fe_2O_3	K_2O	CaO	MgO	TiO_2
含量/%	39.42	50.11	4.64	1.21	2.61	0.57	1.41

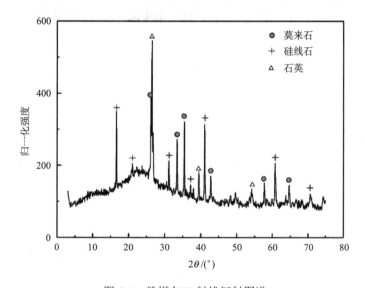

图 6-1　粉煤灰 X 射线衍射图谱

由表 6-1 发现粉煤灰的主要化学组分是 Al_2O_3 和 SiO_2，含量分别占 39.82%和 50.51%，是制备地聚合物所需要的主要成分；由图 6-1 所示的 X 射线衍射图谱，发现该粉煤灰的主要矿物成分是莫来石、硅线石、石英等。结果说明该粉煤灰属于低钙粉煤灰，聚合度高。图 6-2 为粉煤灰电镜照片，发现粉煤灰多为球形颗粒，粒径大多小于 10μm。

2）激活剂

地聚合物制备主要依靠强碱的激活反应，其作用是使硅铝材料的网状结构发生解体、缩聚，最终生成与水泥性质类似的地聚合物；本书采用的激活剂是模数为 2.3 的水玻璃和质量分数为 99%的片碱氢氧化钠。

图 6-2　粉煤灰电镜图像

3）聚丙烯纤维

聚丙烯纤维具有耐磨、耐腐蚀和防火性好等特点。本书选用的纤维抗拉强度461MPa，弹性模量约为 4.6 GPa，纤维丝直径为 0.017mm，密度为 $0.91×10^3$kg/m³。

4）骨料

细骨料采用标准砂，级配显示粒径多在 2mm 以内；粗骨料为陶粒，粒径为 5～10mm。

6.2.2　试验方案

1）方案设置

地聚合物配比方案如表 6-2 所示，其中水灰比为 0.4（质量比，其中水包括复合碱激发剂中的水和外加水），NaOH 的添加量在 5%～20%（质量比，以粉煤灰质量为基准）范围内，骨料包括标准砂和陶粒两种，聚丙烯纤维共五种不同长度（骨料、纤维添加量以地聚合物凝胶质量为基准）。

2）测试方法

抗压强度和干密度均按照 GB/T 11969—2008《蒸压加气混凝土性能试验方法》规定进行测定，含水率根据 JGJ 70—1990《建筑砂浆基本性能试验方法》进行测试。

表 6-2 地聚合物配比试验方案

编号	粉煤灰/g	水玻璃/g	NaOH 添加量/%	骨料添加量/%	骨料种类	泡沫添加量/L	纤维添加量/%	纤维长度/mm
A	6000	1500	10	—	—	0~10	0/0.5	3
B	6000	1500	10	—	—	6	0.5	3
C	6000	1500	10	—	—	6	0~2	3
D	6000	1500	10	—	—	6	0~2	12
E	6000	1500	10	—	—	6	0.5	3~19
F	6000	1500	10	0~20	粗骨料	6	0~2	3
G	6000	1500	10	0~20	细骨料	6	0~2	3
H	6000	1500	5~20	—	—	6	0.5	3
I	6000	1500	10	—	—	6	0~2	3

注：NaOH 添加量 5~20 表示 5%、10%、15%、20%；骨料添加量 0~20 表示 0、5%、10%、15%、20%；泡沫添加量 0~10 表示 0、2L、4L、6L、8L、10L；纤维添加量 0~2 表示 0、0.5%、1.0%、1.5%、2.0%；纤维长度 3~19 表示 3mm、6mm、9mm、12mm、19mm。

抗压强度及应力应变试验选择 YNS2000 型电液伺服试验机进行，最大竖向静荷载为 2000kN，示值及控制精度均为±1%FS，分辨率 1/320000，加载方式为 0.5mm/min 恒变形速率加载；XRD、XRF、SEM 由中国矿业大学现代分析中心测试。按照 GB/T 10294—2008《绝热材料稳态热阻及有关特性的测定 防护热板法》测定泡沫砂浆的导热系数，选用 Hot Disk 500 导热系数测试仪。

6.3 抗压强度变化规律

6.3.1 NaOH 添加量

粉煤灰中玻璃体由硅氧四面体和铝氧四面体组成，聚合度较高，但强碱可以使 Al—O、Si—O、Al—O—Al、Si—O—Si 和 Al—O—Si 发生溶解并释放出 $Al(OH)_4^-$、$Si(OH)_4^-$ 单体，这些单体再进一步组织、重构，发生类似于有机高分子材料聚合物形成时的缩聚反应。

研究了 5%、10%、15% 和 20% 四种不同 NaOH 添加量时轻质地聚合物混凝土抗压强度的变化，结果如图 6-3 所示。不难发现，当 NaOH 添加量为 10% 时，试样抗压强度最高达到 1.4MPa，其他三种 NaOH 添加量均低于 10% 时的试样强度；随着 NaOH 添加量不断增加到 20% 时，试样抗压强度迅速降低到 0.75MPa，较 10% 添加量时强度降幅达到 46%。NaOH 添加量不同会对聚合反应产生重要影响。

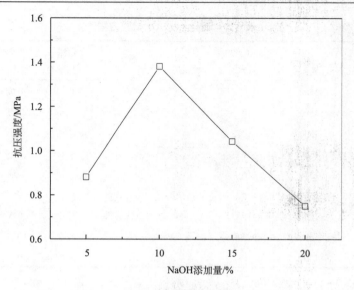

图 6-3　NaOH 添加量对抗压强度的影响

对四种 NaOH 添加量的轻质地聚合物混凝土试样进行 SEM 测试，如图 6-4 所示。当 NaOH 添加量为 5%时，可以看出部分粉煤灰被絮状、针条状水化产物包裹，部分粉煤灰颗粒仍呈游离状，说明该添加量下粉煤碱激活反应不够充分，生成物堆积较分散；当 NaOH 添加量为 10%时，生成物多为凝胶状，粉煤灰颗粒多被水化凝胶包裹，相比其他 NaOH 添加量看碱激活反应较为充分；当 NaOH 添加量为 15%时，可见粉煤灰颗粒表面被针絮状生成物包裹，碱激活反应生成物颗粒状分布较为明显，且粒状物间连接也不够充分；当 NaOH 添加量为 20%时，生成物为片状岩盐晶体，片状物间存在明显微观裂隙，Böke 等[135]在实验中也发现当 NaOH 添加量增大后 GFC 凝胶中生成了岩盐结晶。文献 [136]也发现当 NaOH 添加过量时 GFC 试样 7~28d 抗压强度较低，XRD 显示试样铝硅酸盐混合物不再出现，合理的解释是当 NaOH 过量后会导致铝硅酸盐凝胶在碱激活反应初期就析出沉淀，从而影响抗压强度。

(a) 5%　　　　　　(b) 10%　　　　　　(c) 15%　　　　　　(d) 20%

图 6-4　不同 NaOH 添加量时轻质地聚合物混凝土 SEM 图像

6.3.2 干密度

干密度是影响轻质地聚合物混凝土强度和导热性能的重要参数，主要与泡沫添加量有关系。干密度过小，试样强度太低且难以成型；干密度过大，试样的导热系数也随之增大，保温性能受到影响。图 6-5 给出了轻质地聚合物混凝土抗压强度随干密度的变化关系。

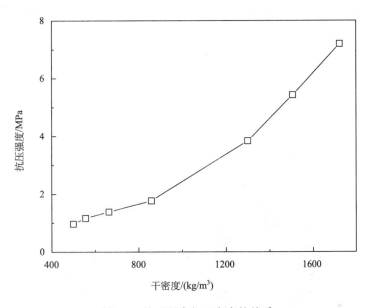

图 6-5 抗压强度与干密度的关系

抗压强度随干密度增加呈非线性增加。当干密度在 550～900 kg/m³ 时，抗压强度与干密度呈近似线性增大；比如当干密度为 550kg/m³ 时抗压强度为 1.0MPa，当干密度为 860 kg/m³ 时抗压强度增大到 2.0MPa，较之前强度增加了一倍。当干密度在 1200～1700 kg/m³ 时抗压强度也随干密度增大呈近似线性增加，增加幅度较 550～900 kg/m³ 更大，这与 Muthu Kumar 和 Ramamurthy[137]实验发现抗压强度与干密度间变化规律类似。

为了分析干密度对抗压强度的影响机理，利用三维视频显微系统（KH-3000VD）对不同干密度时轻质地聚合物混凝土横截面进行了观测，如图 6-6 所示。发现泡沫气孔在轻质地聚合物混凝土中均匀分散；当干密度大时，泡孔圆度较高且小孔径泡孔多，最大孔径多为 400～600μm；随着干密度的降低，大孔径泡孔逐渐增多且有连通趋势，最大孔径可达 1000～1200μm。

对截面（图 6-6）所显示的泡沫孔径进行了统计分析，结果如图 6-7 所示。统计表明，四种干密度轻质地聚合物混凝土中孔径小于 50μm 的泡孔占比均在 40%以上，且随着干密度增加呈现增大趋势；孔径在 50～100μm 的泡孔占比在 30%以上；孔径在 100～300μm 以及孔径大于 300μm 的泡孔各占 10%左右，且随干密度降低呈增大趋势。主要原因是泡沫添加量是影响干密度的重要因素，随着泡沫不断增加干密度逐渐减小，小孔径孔隙逐渐连通从而形成了大孔径的泡孔,如图 6-6(d)所示大孔径泡孔较其他三种高干密度时明显增多。

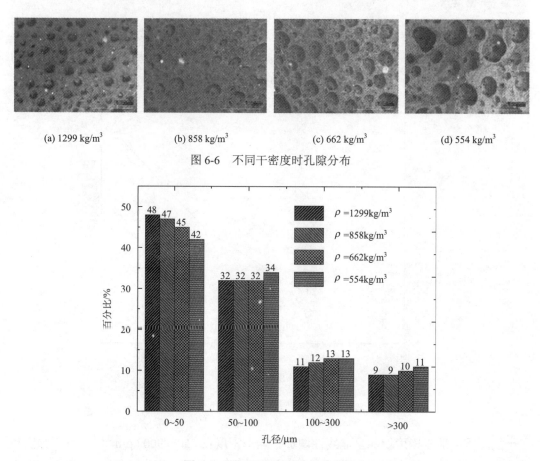

(a) 1299 kg/m³   (b) 858 kg/m³   (c) 662 kg/m³   (d) 554 kg/m³

图 6-6　不同干密度时孔隙分布

图 6-7　不同干密度时孔径分布图

图 6-8 为试样受压破坏断面,破坏过程中裂隙主要沿大孔径泡孔的位置逐渐贯通。说明大孔径泡孔的存在会显著影响试样的强度,导致试样受压、受拉或剪切破坏时容易出现弱面。

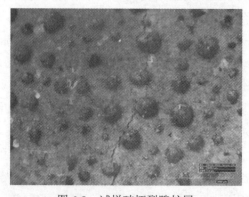

图 6-8　试样破坏裂隙扩展

6.3.3　骨料

　　采用陶粒和标准砂分别作为粗骨料和细骨料制备的轻质地聚合物混凝土如图 6-9 所示。从图中发现陶粒在泡沫混凝土中的分散相对不够均匀，且随着添加量的增大越发难分散。

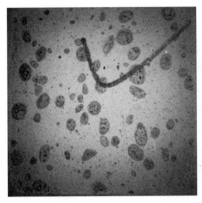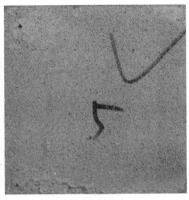

(a) 粗骨料试样　　　　　　　　　　　(b) 细骨料试样

图 6-9　粗、细骨料试样截面

　　图 6-10 为试样抗压强度随两种骨料添加量的变化曲线。可以看出，随着添加量的增加，粗、细骨料含量对抗压强度的影响不同。抗压强度随着细骨料添加量增加而单调增大，从未添加时的 1.38MPa 逐渐增大到 2.63MPa（添加量 15%）；而对粗骨料，抗压强度随添加量增加先增大后减小，即当添加量为 5%时出现最大值为 1.53MPa，当添加量为 10%和 15%时试样抗压强度甚至低于未添加时强度，原因是添加量增大后陶粒在泡沫混凝土中的分散均匀度变差，导致试样中出现陶粒聚堆，从而使得强度受到影响。

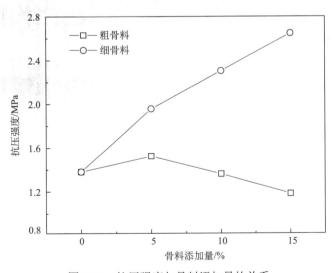

图 6-10　抗压强度与骨料添加量的关系

6.3.4　纤维

　　添加纤维常用来增加泡沫混凝土的强度，图 6-11 给出了添加不同长度纤维后轻质地聚合物混凝土抗压强度变化曲线。

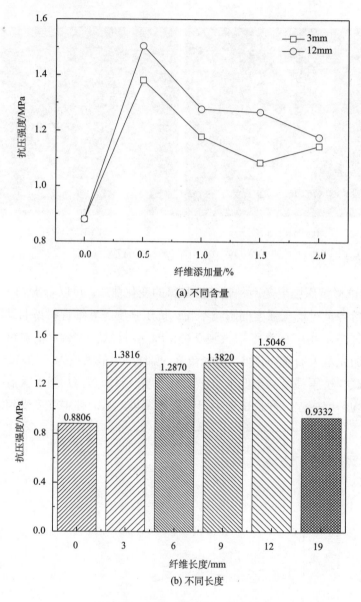

(a) 不同含量

(b) 不同长度

图 6-11　抗压强度与纤维的关系

　　由图 6-11（a）发现，首先，纤维添加量在 0.5%～2%范围内时，3mm 和 12mm 两种纤维试样的抗压强度均得到不同程度的提升，提升幅度在 23%～71%；其次，并非纤维添加量越多试样强度提升越大，存在最优纤维添加量，分析发现对于 3mm 和 12mm 两种长度的纤维的最优添加量为 0.5%，此时试样强度分别提升了 57%和 71%。

　　对添加不同长度纤维后试样强度进行了测试，如图 6-11（b）所示。发现添加长度 12mm 的纤维对试样强度提升幅度最大（71%），其次是添加长度 3mm 的纤维，试样强度提升了 57%；提升幅度最低的是添加长度 19mm 的纤维试样，抗压强度仅提升 6%，主要原因是长纤维在试样制备过程中难以在试样内部分散均匀，容易出现扎堆，从而影响试样的均匀度，导致试样抗压强度得不到较大幅度提升。

　　添加纤维还可以改善试样发生塑性破坏后的力学参数，由如图 6-12 所示的干密度为 500kg/m³ 的地聚合物纤维泡沫混凝土应力应变曲线，发现试样在经过峰值应力后仍然保持了约 60%的强度，说明即使在峰后试样仍有较高的抗压强度。此外，峰值应力对应的应变在 9%～15%范围内，高于普通水泥基泡沫混凝土，在抵抗大变形方面轻质地聚合物混凝土具有更优的性质。

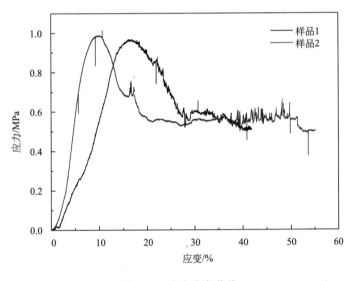

图 6-12　应力应变曲线

　　对未添加纤维和添加纤维试样发生破坏后的形态进行了统计，如图 6-13 所示。可见未添加纤维的试样受压过程中产生横向膨胀而出现裂纹，裂纹逐渐扩展且试样四周开始剥裂脱离，导致试样发生塑性破坏。这与常规混凝土抗压强度测试中环箍效应一致，受压破坏后试样呈双对顶锥形体状；而添加纤维的试样在受压过程中的横向膨胀会受到纤维约束，虽然也产生裂隙但纤维抑制了裂缝的进一步扩展，从而试样虽然经历了峰值应力但仍基本保持了原状。

(a) 未添加纤维试样   (b) 添加纤维试样

图 6-13   试样受压破坏形态

6.4   导热性能变化规律

6.4.1   NaOH 添加量

图 6-14 为 NaOH 添加量与导热系数的关系图，由图可知，随着 NaOH 添加量增加，导热系数逐渐增大。NaOH 的添加量适当可以有效起到碱激发作用，NaOH 添加量为 5% 时，水化不充分，结晶度较低，体系分散，导热系数较小，随着碱含量的增加，水化反应越来越完全，材料逐渐形成体系结构，结晶度较好，导热系数增大，NaOH 添加量达到 20% 时，导热系数继续增大，因为碱过量导致材料反应快但不充分，形成堆积片状，固相较多但不均匀。

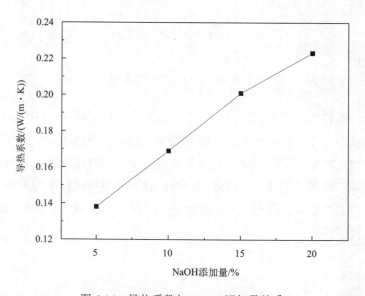

图 6-14   导热系数与 NaOH 添加量关系

6.4.2　干密度

导热系数是保温隔热材料最重要的基本物理参数，泡沫的添加对材料干密度影响较大，进而影响材料的导热系数，材料导热系数、抗压强度与干密度的关系如图 6-15 所示。由图 6-15 可知，地聚合物泡沫材料的导热系数随着干密度的增加而增大，干密度在 450～900kg/m³ 范围内导热系数与干密度近似呈线性关系，拟合公式为

$$y=3.12\times10^{-4}x-0.06,\quad R^2=0.9845 \tag{6-1}$$

线性拟合度较好。该材料为气固两相混合物，空气导热系数低，随着泡沫量的增加，材料干密度降低，材料中的固相成分所占比例减小，通过热传导传递的热量所占比例减小，热量传递效率降低，即导热系数越小，材料隔热效果越好。干密度在 498kg/m³ 时，导热系数为 0.096W/（m·K），同时发现，干密度在 1000kg/m³ 以上时，抗压强度与导热系数随干密度增大而明显增加，增加幅度较大。

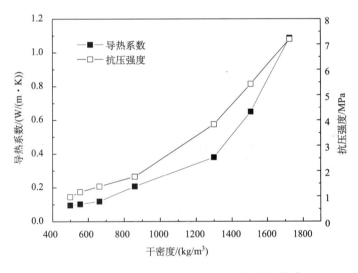

图 6-15　导热系数、抗压强度与干密度的关系

6.4.3　骨料

3mm 单丝纤维含量在 0.5%时，添加不同含量的骨料进行分析，骨料含量对导热系数的影响如图 6-16 所示，导热系数与干密度随骨料含量的变化如图 6-17 所示。

如图 6-16 所示，随着骨料的添加，粗骨料组导热系数逐渐减小，细骨料组导热系数逐渐增大，当粗骨料含量为 15%时，材料导热系数为 0.086W/（m·K），此时材料抗压强度为 1.18MPa；由图 6-17（a）和（b）可以看出，材料导热系数与干密度随粗骨料含量的增多而减小，随细骨料含量的增多而增大，因为陶粒的孔隙较多，密度较小，陶粒的添加使材料干密度降低，孔隙占比升高，材料导热系数较小，而砂密度较大，添加砂使得材料干密度增大，导热系数增大。

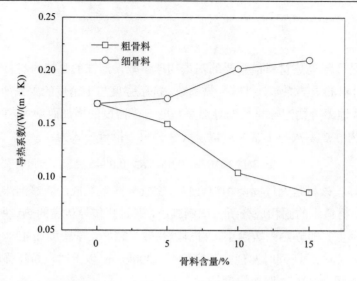

图 6-16　导热系数与骨料含量的关系

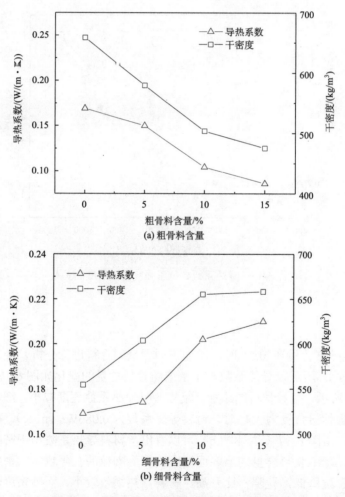

图 6-17　导热系数、干密度与骨料含量的关系

6.4.4　纤维

聚丙烯纤维在材料中可以起到提高强度的作用，但对材料导热性能的影响需要进一步研究。3mm、12mm 丝状纤维在不同含量时材料的导热系数变化如图 6-18 所示，导热系数与纤维长度的关系如图 6-19 所示。

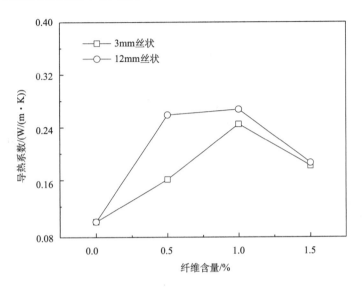

图 6-18　导热系数与纤维含量的关系

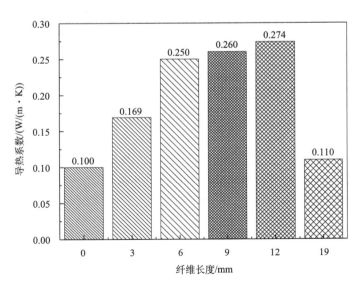

图 6-19　导热系数与纤维长度的关系

由图 6-18 可知，纤维的添加量对导热系数影响较大，随着纤维含量的增加，3mm 和 12mm 丝状纤维的导热系数先增大后减小，都在纤维含量为 1.0%时达到最大，相比未加纤维的材料，导热系数增大幅度 183%、159%，纤维含量为 1.5%时，导热系数降低，相较未添加纤维的材料，导热系数增大幅度 96%左右。由图 6-19 可知，纤维长度在 0~12mm 范围内，材料导热系数随着纤维长度的增加而逐渐增大，纤维长度增加，多孔隙贯通的比例上升，材料导热系数增大，而 19mm 长度纤维的添加对导热系数影响不大。

6.5　吸水性能变化规律

6.5.1　骨料

骨料添加对材料的密度有着较大的影响，添加不同细骨料的材料含水率随时间变化情况如图 6-20 所示，添加不同粗骨料的材料含水率随时间变化情况如图 6-21 所示。

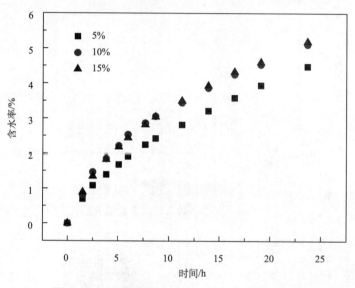

图 6-20　不同细骨料含量时含水率与时间的关系

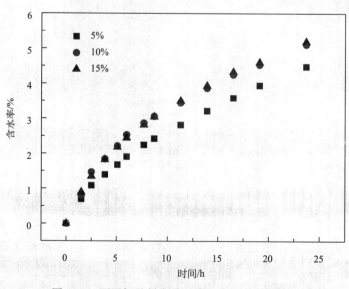

图 6-21　不同粗骨料含量时含水率与时间的关系

由图 6-20、图 6-21 可知，含水率随着时间的增加而增加，添加不同含量细骨料的材料含水率随时间变化由大到小为 5%>10%>15%；添加不同含量粗骨料的材料含水率随时间变化由大到小为 15%>10%>5%。细骨料的添加使材料密度升高，孔隙率下降，材料吸水量减少；粗骨料的添加使材料密度降低，孔隙率增大，材料吸水量较多。

6.5.2　纤维

纤维的添加可以有效地改变材料的吸水性能，将未用纤维处理的材料和用纤维处理的材料放入恒温恒湿机中，模拟巷道环境，设定温度 35℃，湿度 80%，在不同时间对材料含水率进行测试。聚丙烯纤维对材料含水率影响见图 6-22、图 6-23。

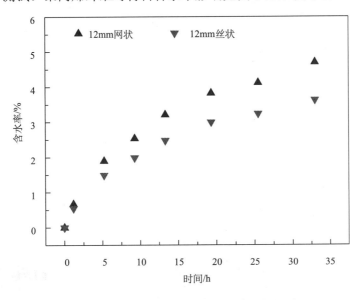

图 6-22　不同种类纤维含水率与时间的关系

由图 6-22 可知，随着时间的增长，地聚合物泡沫材料的含水率增加，初始 15h 之前，材料含水率增长较快，15h 后材料含水率增加较缓慢。12mm 长度的网状纤维含水率要大于丝状纤维，结合图 6-23 可知，不同长度丝状纤维含水率由大到小为 19mm>12mm>6mm>3mm，即纤维长度越长，材料含水率越高，憎水性越差。纤维长度增加，纤维贯通的孔隙越多，憎水性变差。

将温度设定 35℃，湿度提高到 90%，纤维长度 3mm，不同纤维含量的材料含水率随时间变化情况见图 6-24。由图 6-24 可知，相同时间、不同纤维含量条件下的含水率由大到小为 2.0%>1.5%>1.0%>0.5%，纤维含量越少，材料孔隙贯通程度越小，材料含水率越低，憎水性越好。对比图 6-23 和图 6-24 中添加 3mm 长度、含量 0.5%的纤维的含水率变化数据点可知，相对湿度 80%时含水率为 2.86%左右，相对湿度 90%时的含水率为 3.52%左右，含水率随着相对湿度增加而增大约 23%，而且在 23h 内，相对湿度 90%时材料的含水率比相对湿度 80%时增加要快，说明湿度对材料含水率影响较大。

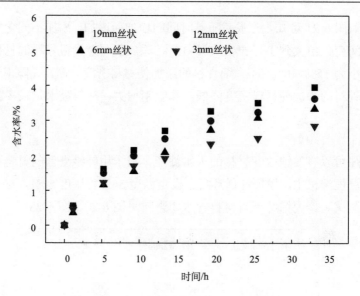

图 6-23　不同长度纤维含水率与时间的关系

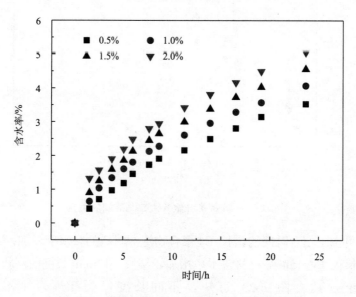

图 6-24　纤维长度 3mm 时含水率与时间的关系

6.5.3　憎水剂

使用憎水剂的目的在于降低材料的含水率以保证材料具有较好的隔热性能，设定温度 35℃，相对湿度 90%，添加 3mm 长度纤维，内掺憎水剂的材料含水率随时间变化如图 6-25 所示，表面涂抹憎水剂的材料含水率随时间变化如图 6-26 所示。

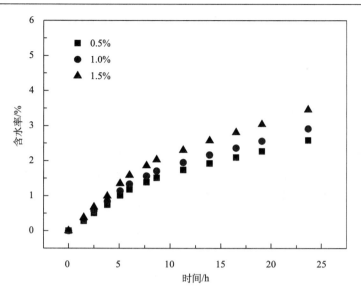

图 6-25　内掺憎水剂时含水率与时间的关系

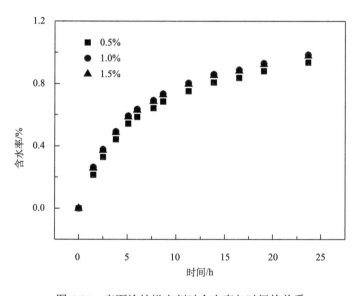

图 6-26　表面涂抹憎水剂时含水率与时间的关系

由图 6-25、图 6-26 可知，材料含水率随时间的增加而增加，与图 6-24 对比可知，在纤维含量 0.5%、1.0%、1.5% 时，内掺憎水剂材料含水率在 23h 时分别降低 26.7%、28.5%、24.1%，表面涂抹憎水剂的材料含水率在 23h 时分别降低 71.6%、75.4%、78.1%，随着时间的增加，含水率趋于稳定。由此可知，憎水剂的使用可以大大降低材料的含水率，提高材料的憎水性能，表面涂抹憎水剂的效果要比内掺憎水剂的使用效果好。

参 考 文 献

[1] 谢和平, 周宏伟, 薛东杰, 等. 煤炭深部开采与极限开采深度的研究与思考[J]. 煤炭学报, 2012, 37(4): 535-542.

[2] 彭苏萍. 深部煤炭资源赋存规律与开发地质评价研究现状及今后发展趋势[J]. 煤, 2008, 17(2): 1-11.

[3] 谢和平. 深部高应力下的资源开采——现状、基础科学问题与展望[C]//香山科学会议. 科学前沿与未来(第六集). 北京: 中国环境科学出版社, 2002: 179-191.

[4] 何满潮, 谢和平, 彭苏萍, 等. 深部开采岩体力学研究[J]. 岩石力学与工程学报, 2005, 24(16): 2803-2813.

[5] Sun J, Wang S J. Rock mechanics and rock engineering in China: Developments and current state-of-the-art[J]. International Journal of Rock Mechanics and Mining Sciences, 2000, 37(3):447-465.

[6] 古德生. 金属矿床深部开采中的科学问题[C]//香山科学会议. 科学前沿与未来(第六集). 北京: 中国环境科学出版社, 2002: 192-201.

[7] Diering D H. Ultra-deep level mining: Future requirements[J]. The Journal of the South African Institute of Mining and Metallurgy, 1997, 97(6): 249-255.

[8] Diering D H. Tunnels under pressure in an ultra-deep Wifwatersrand gold mine[J]. The Journal of South African of Mining and Metallurgy, 2000, 100(6): 319-324.

[9] Vogel M, Andrast H P. Alp transit-safety in construction as a challenge, health and safety aspects in very deep tunnel construction[J]. Tunneling and Underground Space Technology, 2000, 15(4): 481-484.

[10] J. 查德威克, 高战敏. 南非金矿井的深部开采技术[J]. 国外金属矿山, 1997, (6): 29-34.

[11] Kidybinski. Strata Control in Deep Mines[M]. Rotterdam: A. A. Balkema, 1990.

[12] Bear J. Dynamics of Fluids in Porous Media[M]. New York: Dover Publications Inc., 1972.

[13] 王补宣. 工程传热传质学(下册)[M]. 北京: 科学出版社, 1998.

[14] 论文编辑组. 面向二十一世纪热科学研究——庆贺王补宣院士七十五寿辰论文集[M]. 北京: 高等教育出版社, 1999.

[15] Kaviany M. Principle of Heat Transfer in Porous Media[M]. New York: Springer-Verlag, 1995.

[16] Carbonell R G, Whitaker S. Heat and mass transfer in porous media[C]//Proceedings of the NATO Advanced Study Institute on Mechanics of Fluids in Porous Media. Newark, USA, 1984: 121-198.

[17] Miller M. Bounds for effective electrical thermal and magnetic properties of heterogeneous materials [J]. Journal of Mathematical Physics, 1969, 10(11): 1988-2004.

[18] Hadley G R. Thermal conductivity of packed metal powders[J]. International Journal of Heat and Mass Transfer, 1986, 29(6): 909-920.

[19] Buonanno G, Carotenuto A. The effective thermal conductivity of a porous medium with interconnected particles[J]. International Journal of Heat and Mass Transfer, 1997, 40(2): 393-405.

[20] Mandelbrot B B. The Fractal Geometry of Nature[M]. San Francisco: Freeman, 1982.

[21] Katz A, Thompson A. Fractal sandstone pores: Implications for conductivity and pore formation[J].

Physical Review Letters, 1985, 54(12): 1325-1328.

[22] Thovert J F, Wary F, Adler P M. Thermal conductivity of random media and regular fractals[J]. Journal of Applied Physics, 1990, 68(8): 3872-3883.

[23] 施明恒, 李小川, 陈永平. 利用分形方法确定聚氨酯泡沫塑料的有效导热系数[J]. 中国科学(E 辑), 2006, 36(5): 560-568.

[24] 施明恒, 樊荟. 多孔介质导热的分形模型[J]. 热科学与技术, 2002, 1(1): 28-31.

[25] Chen Y P, Shi M H. Determination of effective thermal conductivity for real porous media using fractal theory[J]. Journal of Thermal Science, 1999, 8(2): 102-107.

[26] 陈永平, 施明恒. 基于分形理论的多孔介质导热系数研究[J]. 工程热物理学报, 1999, 20(5): 608-612.

[27] 陈永平, 施明恒. 应用分形理论的实际多孔介质有效导热系数的研究[J]. 应用科学学报, 2000, 18(3): 263-266.

[28] 郁伯铭. 分形多孔介质的传热与传质分析(综述)[J]. 工程热物理学报, 2003, 24(3): 481-483.

[29] Yu B M, Cheng P. Fractal models for the effective thermal conductivity of bidispersed porous media[J]. Journal of Thermophysics and Heat Transfer, 2002, 16(1):22-29.

[30] Huai X L, Wang W W, Li Z G. Analysis of the effective thermal conductivity of fractal porous media[J]. Applied Thermal Engineering, 2007, 27(17-18):2815-2821.

[31] 王唯威, 淮秀兰. 分形多孔介质导热数值模拟分析[J]. 工程热物理学报, 2007, 28(5): 835-837.

[32] Roy T R, Singh B. Computer simulation of transient climatic conditions in underground airways[J]. Mining Science and Technology, 1991, 13(3): 395-402.

[33] 舍尔巴尼 A H. 矿井降温指南[M]. 黄翰文译. 北京: 煤炭工业出版社, 1982.

[34] 平松良雄. 通风学[M]. 刘运洪, 等译. 北京: 冶金工业出版社, 1981.

[35] 岑衍强, 胡春胜, 侯祺棕. 井巷围岩与风流间不稳定换热系数的探讨[J]. 阜新矿业学院学报, 1987, 6(3): 105-114.

[36] 秦跃平, 秦凤华, 党海正. 用差分法结算巷道围岩与风流不稳定换热准数[J]. 湘潭矿业学院学报, 1998, 13(1): 6-10.

[37] 孙培德. 计算非稳定传热系数的新方法[J]. 中国矿业大学学报, 1991, 20(2): 33-37.

[38] Sun P D. A new computation method for the unsteady heat transfer coefficient in a deep mine[J]. Journal of Coal Science & Engineering (China), 1999, 5(2):57-61.

[39] Yakovenko A K, Averin G V. Determination of the heat-transfer coefficient for a rock mass with small Fourier numbers[J]. Soviet Mining Science, 1984, 20(1): 52-56.

[40] Starfield A M, Dickson A J. A study of heat transfer and moisture pick-up in mine airways[J]. Journal of the South Africa Institute of Mining and Metallurgy, 1968, 68(8): 364-371.

[41] Starfield A M. The computation of temperature increases in wet and dry airways[J]. Journal of the Mine Ventilation Society of South Africa, 1966, 19: 157-165.

[42] Starfield A M, Bleloch A L. A new method for the computation of heat and moisture transfer in a partly wet airway[J]. Journal of the South Africa Institute of Mining and Metallurgy, 1983, 84:263-269.

[43] 周西华, 王继仁, 卢国斌, 等. 回采工作面温度场分布规律的数值模拟[J]. 煤炭学报, 2002, 27(1): 59-63.

[44] 周西华. 矿井空调热力过程的数值模拟研究[D]. 阜新: 辽宁工程技术大学, 1999.

[45] Barrow H, Pope C W. A simple analysis of flow and heat transfer in railway tunnels[J]. International Journal of Heat and Fluid Flow, 1987, 8(2): 119-123.

[46] 邓先和, 邓颂九. 光滑圆管中恒定物性流体的对流传热准数方程近似分析解[J]. 化工学报, 1987, 38(4): 494-502.

[47] Redjem-Saad L, Ould-Rouiss M, Lauriat G. Direct numerical simulation of turbulent heat transfer in pipe flows: Effect of Prandtl number[J]. International Journal of Heat and Fluid Flow, 2007, 28(5): 847-861.

[48] Piller M. Direct numerical simulation of turbulent forced convection in a pipe[J]. International Journal for Numerical Methods in Fluids, 2005, 49(6): 583-602.

[49] Obot N T, Das L, Vakili D E, et al. Effect of Prandtl number on smooth-tube heat transfer and pressure drop[J]. International Communications in Heat and Mass Transfer, 1997, 24(6): 889-896.

[50] Obot N T, Esen E B, Snell K H, et al. Pressure drop and heat transfer characteristics for air flow through spirally fluted tubes[J]. International Communications in Heat and Mass Transfer, 1992, 19(1): 41-50.

[51] Obot N T, Esen E B. Smooth tube friction and heat transfer in laminar and transitional flow[J]. International Communications in Heat and Mass Transfer, 1992, 19(3):299-310.

[52] Noureddine B, Sassi B N. Mass and heat transfer during water evaporation in laminar flow inside a rectangular channel-validity of heat and mass transfer analogy[J]. International Journal of Thermal Science, 2001, 40(1): 67-81.

[53] Smolsky B M, Sergeyev G T. Heat and mass transfer with liquid evaporation[J]. International Journal of Heat and Mass Transfer, 1962, 5(10): 1011-1021.

[54] Chow L C, Chung J N. Evaporation of water into a laminar stream of air and superheated steam[J]. International Journal of Heat and Mass Transfer, 1983, 26(3): 373-380.

[55] Kondjoyan A, Daudin J D. Determination of transfer coefficients by psychrometry[J]. International Journal of Heat and Mass Transfer, 1993, 36(7): 1807-1818.

[56] Fanger P O. Thermal Comfort[M]. New York: McGraw-Hill, 1972.

[57] 王冲. 井巷喷注隔热材料降温机理及实验研究[D]. 徐州: 中国矿业大学, 2011.

[58] 朱成坦. 高温工作面喷射隔热材料降温实验研究[D]. 徐州: 中国矿业大学, 2013.

[59] 张源. 高地温巷道围岩非稳态温度场及隔热降温机理研究[D]. 徐州: 中国矿业大学, 2013.

[60] 杨长辉, 王磊, 田义, 等. 碱矿渣泡沫混凝土性能研究[J]. 硅酸盐通报, 2016, 35(2):555-560.

[61] 郭文兵, 徐兴子, 姚荣, 等. 深井煤矿巷道隔热材料研究[J]. 煤炭科学技术, 2003, 31(12): 23-27.

[62] 陈兵, 刘睫. 纤维增强泡沫混凝土性能试验研究[J]. 建筑材料学报, 2010, 13(3): 286-290.

[63] 李国富. 高温岩层巷道主动降温支护结构技术研究[D]. 太原: 太原理工大学, 2010.

[64] 李春阳. 新型矿用隔热防水材料在矿井应用中的节能实验研究[D]. 天津: 天津大学, 2008.

[65] Valore R C. Cellular concrete part 2 physical properties[J]. American Concrete Institute Journal, 1954, 50(6): 817-836.

[66] Dhir R K, Newlands M D, McCarthy A. Use of Foamed Concrete in Construction[M]. London: Thomas Telford, 2005.

[67] 姚嵘. 深井煤矿巷道隔热材料最佳配方实验研究[J]. 西部探矿工程, 2003, 2: 86-89.

[68] 朱华, 姬翠翠. 分形理论及其应用[M]. 北京: 科学出版社, 2011.

[69] 法尔科内. 分形几何——数学基础及其应用[M]. 曾文曲, 刘世耀, 戴连贵, 等译. 沈阳: 东北大学

出版社, 1991.

[70] 法尔科内. 分形几何中的技巧[M]. 曾文曲, 王向阳, 陆夷, 译. 沈阳: 东北大学出版社, 1999.

[71] 彭瑞东, 谢和平, 鞠杨. 二维数字图像分形维数的计算方法[J]. 中国矿业大学学报, 2004, 33(1): 19-24.

[72] 杨书申, 邵龙义. MATLAB 环境下图像分形维数的计算[J]. 中国矿业大学学报, 2006, 35(4): 478-482.

[73] 杨彦从, 彭瑞东, 周宏伟. 三维空间数字图像的分形维数计算方法[J]. 中国矿业大学学报, 2009, 38(2): 251-258.

[74] 康天合, 赵阳升, 靳钟铭. 煤体裂隙尺度分布的分形研究[J]. 煤炭学报, 1995, 20(4): 393-398.

[75] 李小川, 施明恒. 多孔介质热导率的数值计算[J]. 工程热物理学报, 2008, 29(2): 291-293.

[76] Archie G E. The electrical resistivity log as an aid in determining some reservoir characteristics[J]. Petroleum Transactions of AIME, 1942, 146: 54-62.

[77] 崔广心. 相似理论与模型实验[M]. 徐州: 中国矿业大学出版社, 1990.

[78] 王丰. 相似理论及其在传热学中的应用[M]. 北京: 高等教育出版社, 1990.

[79] McPherson M J. The analysis and simulation of heat flow into underground airways[J]. International Journal of Mining and Geological Engineering, 1986, 4(3): 165-195.

[80] Lowndes I S, Crossley A J, Yang Z Y. The ventilation and climate modelling of rapid development tunnel drivages[J]. Tunnelling and Underground Space Technology Incorporating Trenchless Technology Research, 2004, 19(2): 139-150.

[81] Lowndes I S, Yang Z Y, Jobling S, et al. A parametric analysis of a tunnel climatic prediction and planning model[J]. Tunnelling and Underground Space Technology, 2006, 21(5): 520-532.

[82] Wang Y J, Zhou G Q, Wu L, et al. Mechanism of convective heat transfer of airflow in deep airway[J]. Advanced Materials Research, 2011, 243-249: 4998-5002.

[83] 王英敏, 朱毅, 李锦泰, 等. 深井巷道围岩与空气热交换过程的研究[J]. 煤炭学报, 1987, (4): 17-29.

[84] 张渭滨. 数学物理方程[M]. 北京: 清华大学出版社, 2007.

[85] Özisik M N. 热传导[M]. 俞昌铭译. 北京: 高等教育出版社, 1983.

[86] 杨世铭, 陶文铨. 传热学[M]. 北京: 高等教育出版社, 1998.

[87] 国家安全生产监督管理总局. 煤矿安全规程[M]. 北京: 煤炭工业出版社, 2016.

[88] 徐文熙, 徐文灿. 粘性流体力学[M]. 北京: 北京理工大学出版社, 1989.

[89] 赵学瑞, 廖其奠. 粘性流体力学[M]. 北京: 机械工业出版社, 1993.

[90] 张也影. 流体力学[M]. 北京: 高等教育出版社, 1999.

[91] 刘烽, 吴增茂, 薛越霞. 近地层风廓线与垂直湍流强度关系研究[J]. 青岛海洋大学学报, 2000, 30(1): 36-42.

[92] 杨强生. 对流传热与传质[M]. 北京: 高等教育出版社, 1985.

[93] Tien C L. On the eddy diffusivities for momentum and heat[J]. Applied Science Research, 1959, 8(1): 345-348.

[94] Sasmito A P, Kuria J C, Birgersson E, et al. Computational evaluation of thermal management strategies in an underground mine[J]. Applied Thermal Engineering, 2015, 90: 1144-1150.

[95] Wang Y J, Zhou G Q, Wu L. Unsteady heat moisture transfer of wet airway in deep mining[J]. Journal of Central South University, 2013, 20(7): 1971-1977.

[96] Walt J V D, Kock E M D. Developments in the engineering of refrigeration installations for cooling mines[J]. International Journal of Refrigeration, 1984, 7(1): 27-40.

[97] del Castillo D. Air cycle refrigeration system for cooling deep mines[J]. International Journal of Refrigeration, 1988, 11(2): 87-91.

[98] Chen W, Liang S, Liu J. Proposed split-type vapor compression refrigerator for heat hazard control in deep mines[J]. Applied Thermal Engineering, 2016, 105:425-435.

[99] Vosloo J, Liebenberg L, Velleman D. Case study: Energy savings for a deep-mine water reticulation system[J]. Applied Energy, 2012, 92: 328-335.

[100] He M C, Cao X L, Xie Q, et al. Principles and technology for stepwise utilization of resources for mitigating deep mine heat hazards[J]. Mining Science and Technology(China), 2010, 20(1): 20-27.

[101] Qi P, He M C, Meng L, et al. Working principle and application of HEMS with lack of a cold source[J]. Mining Science and Technology(China), 2011, 21(3):433-438.

[102] Yang X J, Han Q Y, Pang J W, et al. Progress of heat-hazard treatment in deep mines[J]. Mining Science and Technology(China), 2011, 21(2):295-299.

[103] Guo P Y, He M C, Zheng L G, et al. A geothermal recycling system for cooling and heating in deep mines[Jj. Applied Thermal Engineering, 2017, 116:833-839.

[104] Plessis G E D, Liebenberg L, Mathews E H, et al. A versatile energy management system for large integrated cooling systems[J]. Energy Conversion and Management, 2013, 66:312-325.

[105] Plessis G E D, Arndt D C, Mathews E H. The development and integrated simulation of a variable water flow energy saving strategy for deep-mine cooling systems[J]. Sustainable Energy Technologies and Assessments, 2015, 10:71-78.

[106] Bornman W, Dirker J, Arndt D C, et al. Integrated energy simulation of a deep level mine cooling system through a combination of forward and first-principle models applied to system-side parameters[J]. Applied Thermal Engineering, 2017, 123:1166-1180.

[107] Ozel M. Thermal performance and optimum insulation thickness of building walls with different structure materials[J]. Applied Thermal Engineering, 2011, 31(17-18):3854-3863.

[108] Bahadori A, Vuthaluru H B. A simple method for the estimation of thermal insulation thickness[J]. Applied Energy, 2010, 87(2):613-619.

[109] Daouas N, Hassen Z, Aissia H B. Analytical periodic solution for the study of thermal performance and optimum insulation thickness of buildings walls in Tunisia[J]. Applied Thermal Engineering, 2010, 30:319-326.

[110] Plessis G E D, Liebenberg L, Mathews E H. Case study: The effects of a variable flow energy saving strategy on a deep-mine cooling system[J]. Applied Energy, 2013, 102(2):700-709.

[111] Wu J Z, Liu X L, Yao X D, et al. Optimization of centralized cooling schemes in Kongzhuang Coal Mine[J]. Engineering Science, 2011, 13: 59-67.

[112] Wagner H. The management of heat flow in deep mines[J]. Mining Report, 2013, 149(2): 88-100.

[113] Liu W V, Apel D B, Bindiganavile V S, et al. Analytical and numerical modeling for the effects of thermal insulation in underground tunnels[J]. International Journal of Mining Science and Technology, 2016, 26(2):267-276.

[114] Liu W V, Apel D B, Bindiganavile V S. Cylindrical models of heat flow and thermo-elastic stresses in

underground tunnels[J]. International Journal of Numerical Methods for Heat and Fluid Flow, 2016, 26(7): 2139-2159.

[115] Bouchair A. Steady state theoretical model of fired clay hollow bricks for enhanced external wall thermal insulation[J]. Building and Environment, 2008, 43(10):1603-1618.

[116] Ozel M. Cost analysis for optimum thicknesses and environmental impacts of different insulation materials[J]. Energy and Buildings, 2012, 49:552-559.

[117] Kayfeci M. Determination of energy saving and optimum insulation thicknesses of the heating piping systems for different insulation materials[J]. Energy and Buildings, 2014, 69:278-284.

[118] Kecebas A. Determination of insulation thickness by means of exergy analysis in pipe insulation[J]. Energy Conversion and Management, 2012, 58:76-83.

[119] Hahn D W, Ozisik M N. Heat Conduction[M]. New York: John Wiley & Sons, 2012.

[120] Starfield A M. A rapid method of calculating temperature increases along mine airways[J]. Journal of the South African Institute of Mining and Metallurgy, 1967, 70:77-83.

[121] 国家统计局. 2015 年国民经济和社会发展统计公报[EB/OL]. http://www.stats.gov.cn/tjsj/zxfb/201602/t20160229_1323991.html [2016-02-29].

[122] Damtoft J S, Lukasik J, Herfort D, et al. Sustainable development and climate change initiatives[J]. Cement and Concrete Research, 2008, 38(2):115-127.

[123] Singh B, Ishwarya G, Gupta M, et al. Geopolymer concrete: A review of some recent developments[J]. Construction and Building Materials, 2015, 85: 78-90.

[124] Zhuang X Y, Chen L, Komarneni S, et al. Fly ash-based geopolymer: clean production, properties and applications [J]. Journal of Cleaner Production, 2016, 125: 253-267.

[125] Toniolo N, Boccaccini A R. Fly ash-based geopolymers containing added silicate waste: A review[J]. Ceramics International, 2017, 43: 14545-14551.

[126] 张云升, 孙伟, 沙建芳, 等. 粉煤灰地聚合物混凝土的制备、特性及机理[J]. 建筑材料学报, 2003, 6(3): 237-242.

[127] 施惠生, 夏明, 郭晓潞. 粉煤灰基地聚合物反应机理及各组分作用的研究进展[J]. 硅酸盐学报, 2013, 41(7): 972-980.

[128] Shi X S, Wang Q Y, Zhao X L, et al. Discussion on properties and microstructure of geopolymer concrete containing fly ash and recycled aggregate[J]. Advanced Materials Research, 2012, 450-451: 1577-1583.

[129] Zhang Z, Provis J L, Reid A, et al. Geopolymer foam concrete: An emerging material for sustainable construction[J]. Construction and Building Materials, 2014, 56:113-127.

[130] Liu M Y J, Alengaram U J, Jumaat M Z, et al. Evaluation of thermal conductivity, mechanical and transport properties of lightweight aggregate foamed geopolymer concrete[J]. Energy and Buildings, 2014, 72: 238-245.

[131] Liu M Y J, Alengaram U J, Santhanam M, et al. Microstructural investigations of palm oil fuel ash and fly ash based binders in lightweight aggregate foamed geopolymer concrete[J]. Construction and Building Materials, 2016, 120:112-122.

[132] Posi P, Ridtirud C, Ekvong C, et al. Properties of lightweight high calcium fly ash geopolymer concretes containing recycled packaging foam[J]. Construction and Building Materials, 2015, 94:

408-413.

[133] Huiskes D M A, Keulen A, Yu Q L, et al. Design and performance evaluation of ultra-lightweight geopolymer concrete[J]. Materials and Design, 2016, 89:516-526.

[134] Yan B, Duan P, Ren D M. Mechanical strength, surface abrasion resistance and microstructure of fly ash-metakaolin-sepiolite geopolymer composites[J]. Ceramics International, 2017, 43(1): 1052-1060.

[135] Böke N, Birch G D, Nyale S M, et al. New synthesis method for the production of coal fly ash-based foamed geopolymers[J]. Construction and Building Materials, 2015, 75:189-199.

[136] Somna K, Jaturapitakkul C, Kajitvichyanukul P, et al. NaOH-activated ground fly ash geopolymer cured at ambient temperature[J]. Fuel, 2011, 90(6):2118-2124.

[137] Muthu Kumar E, Ramamurthy K. Influence of production on the strength, density and water absorption of aerated geopolymer paste and mortar using Class F fly ash[J]. Construction and Building Materials, 2017, 156: 1137-1149.